可持续设计理念融入环境设计的创新路径研究

张华　王艳玲　著

北方文艺出版社
哈尔滨

图书在版编目（CIP）数据

可持续设计理念融入环境设计的创新路径研究 / 张华，王艳玲著. -- 哈尔滨：北方文艺出版社，2022.6
ISBN 978-7-5317-5533-3

Ⅰ. ①可… Ⅱ. ①张… ②王… Ⅲ. ①环境设计 - 研究 Ⅳ. ① TU-856

中国版本图书馆 CIP 数据核字 (2022) 第 065215 号

可持续设计理念融入环境设计的创新路径研究
KECHIXU SHEJI LINIAN RONGRU HUANJING SHEJI DE CHUANGXIN LUJING YANJIU

作　者 / 张　华　王艳玲
责任编辑 / 张　璐
封面设计 / 邓姗姗

出版发行 / 北方文艺出版社
邮　编 / 150008
发行电话 /（0451）86825533
经　销 / 新华书店
地　址 / 哈尔滨市南岗区宣庆小区 1 号楼
网　址 / www.bfwy.com

印　刷 / 三河市元兴印务有限公司
开　本 / 710mm × 1000mm　1/ 16
字　数 / 183 千
印　张 / 12.5
版　次 / 2022 年 6 月第 1 版
印　次 / 2024 年 4 月第 3 次印刷

书　号 / ISBN 978-7-5317-5533-3
定　价 / 45.00 元

序　言

随着人类社会的不断发展，环境问题成为全球日益关注的话题，人类应该学会和大自然和谐相处，可持续发展观是人类生存下去的必然趋势。我国也一直大力提倡和推进生态文明建设，出台了一系列制度和政策，力求保护环境和维护生态系统的平衡，提高人们对生态环境和能源的保护意识。

此外，经济的高速发展丰富了人们的物质生活，人们对居住区环境有了更高的要求，希望在劳作之余能够有一个舒适、放松、健康的环境空间。由于设计理念和意识层面良莠不齐，许多居民区的休闲活动空间与周围环境格格不入，无论是使用还是后期维护都存在着严峻的问题，因而环境设计中对可持续设计理论的应用迫在眉睫。伊恩•麦克哈格在其著作《设计结合自然》中提到，可持续设计是一种基于自然系统功能的设计研究方法。他认为可持续理念指导下的环境设计应该兼顾生态、节能、环保等效益，使得环境景观充满别样的旺盛生命力。

可持续性理念下的环境设计是一种“活”的创新，需要将区域内的要素相关联，以自然系统带来的可再生能源为推动力，实现区域内的“自给自足”，形成一个完美的闭环。关联同样要从系统的角度着手，归纳整理现有的技术、资金、能源，使各方要素彼此呼应。这样，环境才能真正不依靠外力而“生长”。同时，要将“用户需求”和“环境需求”相统一，实现“天人合一”的最高环境艺术设计标准。

基于上述情况，首先，本书论述了环境设计的相关理论；其次，阐述了可持续设计的相关理论；最后，本书以景观设计、建筑设计及室内设计为例，着重讨论了可持续设计理念融入环境设计的创新路径。

在撰写本书的过程中，为提升本书的学术性与严谨性，笔者参阅了大量的文献资料，引用了一些同人前辈的研究成果，因篇幅有限，不能一一列举，在此一并表示最诚挚的感谢。鉴于本人学识水平和研究写作时间有限，书稿中难免有不足和有待商榷之处，希望读者多提宝贵建议和意见。

目　　录

第一章　环境设计概述

第一节　环境设计的基本概念

环境设计是指对于建筑室内外的空间环境，通过艺术设计的方式进行整合设计的一门实用艺术。环境艺术涉及的学科很广泛，包括建筑学、城市规划学、人类工程学、环境心理学、设计美学、社会学、文学、史学、考古学、宗教学、环境生态学、环境行为学等诸多学科。

环境设计通过一定的组织、围合手段对空间界面（室内外墙柱面、地面、顶棚、门窗等）进行艺术处理（形态、色彩、质地等），运用自然光、人工照明，家具、饰物的布置、造型等设计语言，以及植物、水体、小品、雕塑等的配置，使建筑物的室内外空间环境体现出特定的氛围和一定的风格，来满足人们的功能使用及视觉审美上的需要。

环境设计是一门新兴的设计学科，它所关注的是人类生活设施和空间环境的设计。20 世纪 80 年代以前这一学科被称为室内设计，主要是指建筑物内部的陈设、布置和装修，以塑造一个美观且适宜人居住、生活、工作的空间为目的。随着学科的发展，其概念已不能适应发展的实际需要，设计领域已不再局限于室内空间，而是扩展为室外空间的整体设计、大型的单元环境设计、一个地区或城市环境的整体设计等多方面内容。

一、什么是环境

环境是一个极其广泛的概念，它不能孤立存在，而总是相对于某一中心（主体）而言。环境研究的范畴涉及艺术和科学两大领域，并借助于自然科学、人文科学的各种成果而得以发展。从宏观层面上，我们可以按照环境的规模以及与我们生活关系的远近，将环境分为聚落环境、地理环境、地质环境和宇宙环境四个层次。其中，聚落环境——城市环境和村落环境作为人类聚居的场所和活动中心，与我们的生活和工作有最直接、最密切的关系，也是环境设计的主要研究对象。

聚落环境是包括原生的自然环境、次生的人工环境及特定的人文社会环境的总体环境系统。

（一）自然环境

这里的自然环境是指以人类自身为中心的、自然界尚未被人类开发的领域，也就是我们常说的地球生物圈。它是由山脉、平原、草原、森林、水域、水滨等自然形式，风、雨、霜、雪、雾、阳光等自然现象，以及地球上存在的全部生物共同构成的系统。自然环境是人类社会赖以生存和发展的基础，对人类有着巨大的经济价值、生态价值，以及科学、艺术、历史、游览、观赏等方面的价值。对自然环境的认识因东西方文化背景差异而不同。受基督教文化的影响，在欧洲古典文化中，自然作为人类的对立面出现在矛盾关系中。而在中国古代文明中，自然原是自然而然的意思，包含着“自”与“然”两个部分，即包含着人类自身以及周围世界的物质本体部分。中国古代两大主流学术派别——儒家和道家都主张“天人合一”的思想，自然被看作是有生命的。唐代的《宅经》中对住宅与周边环境的关系有这样的描述：“以形势为身体，以泉水为血脉，以土地为皮肉，以草木为毛发，以舍屋为衣服，以门户为冠带，若得如斯，是事严雅，乃为上吉。”这种追求人与自然和谐关系的自然观对今天的环境设计仍然有着重要的指导意义。

（二）人工环境

人工环境是指经过人为改造的自然环境，如耕田、风景区、自然保护区等，或经人工设计和建造的建筑物、构筑物、景观及各类环境设施等适合人类自身生活的环境。建筑物包括工业建筑、居住建筑、办公建筑、商业建筑、教育建筑、文化娱乐建筑、观演建筑、医疗建筑等多种类型；构筑物包括道路、桥梁、堤坝、塔等；景观包括公园、滨水区、广场、街道、住宅小区环境、庭院等；环境设施则包括环境艺术品和公共服务设施。人工环境是人类文明发展的产物，也是人与自然环境之间辩证关系的见证。

（三）人文社会环境

人文社会环境是指受人类社会的政治、经济、宗教、哲学等因素影响而形成的文化与精神环境。在人类社会漫长的历史进程中，由于不同的自然环境和地域特征的作用，形成了不同的生活方式和风俗习惯，造就了不同的民族及其文化。而特定的人文社会环境反过来亦影响着人与自然的关系，影响着该地域人工环境的形式和风格。

由此可见，自然环境是人类生存发展的基础，创建理想的人工环境是人类自身发展的动力，我们所生存的聚落环境并非单纯的自然环境，也非单一的人工环境或纯粹的人文社会环境，而是由这三者综合构成的复杂的、多层面的生态环境系统。只有对环境有全面深刻的认识，才能真正有效地保护环境，合理地利用环境，建设美好的环境。

二、艺术与设计

艺术，是通过塑造形象反映社会生活的一种社会意识形态，属于社会的上层建筑。

设计，源于英语“design”，既是动词也是名词，包含着设计、规划、策划、思考、创造、标记、构思、描绘、制图、塑造、图样、图案、模式、造型、工艺、装饰等多重含义。从本质上讲，设计就是一种为了使事物井然有序而进行的计划，是一个充满选择的过程。由于设计含义的宽泛性，在使用它时，一般要明确其具体范围，从而表达一个完整、准确的思想，如环境设计、建筑设计、家具设计、产品设计、软件设计等。

艺术与设计的基础是相同的。两者都具备线条、空间、形状、结构、色彩与纹理等共同的元素，这些元素又通过统一与多样、平衡、节奏、强调、比例与尺度等原则联结起来。艺术中掺杂着设计，而不少设计作品也可以被称为艺术。二者之间的区别在于设计是为了满足某种特定的需要，这种需要可能是某个具体的功能，如为公园设计无障碍设施；也可能是审美的需要，如设计具有中国传统装饰风格的起居空间。而艺术则更多地表达艺术家的个人情感，并无特定的目标和受众。如果一个设计作品不能满足其特定功能的要求，那么无论其是否具有艺术性，都不能算一个合格的设计作品。正因如此，设计可以称作科学与艺术相结合的产物，其思维具有科学思维与艺术思维的双重特性，是逻辑思维与形象思维整合的结果。

三、环境艺术

（一）环境艺术的概念与本质

“环境艺术”是指以人的主观意识为出发点，建立在自然环境美之外，为人对生活的物质需求和美的精神需要所引导而进行的环境艺术创造。它是人为的，可以存在于自然环境之外，但是又不可能脱离自然环境本体；它必须根植于特定的环境，成为与之有机共生的艺术。我们可从以下四个方面来理解环境艺术的本质。

1. 环境艺术是空间的艺术

“空间”在《现代汉语词典》中的解释是：物质存在的一种客观形式，由长度、宽度、高度表现出来，是物质存在的广延性和伸张性的表现。老子《道德经》中的名言“埏埴以为器，当其无，有器之用。凿户牖以为室，当其无，有室之用”阐明了空间的两种重要属性“虚”与“实”的关系，即陶器的内部空间是其主要功能所在，建造房屋的墙体和屋顶是用来围合合适的建筑内部空间，以满足各种活动的需要。由此可见，空间依赖实体的限定而存在，而实体则赋予空间不同的特征和意义。在我们生活的环境中，小到一座景观雕塑、一个电话亭、一个花坛，大到一栋建筑、一个公园、一片村落甚至一座城市，它们都占据一定的空间并使空间具有一定的风格特征和含义。例如，居室通常由屋顶、墙面和地板等界面围合而成，而这些界面的形态、色彩、材料等赋予该居室空间特定的环境氛围。因此，环境艺术就是关于空间的艺术，它所关注的是如何使我们居住的空间在满足物质功能的同时又能满足精神需求和审美需求。

2. 环境艺术是整体的艺术

英国建筑师和城市规划师吉伯德在《市镇设计》中将环境艺术称为“整体的艺术”。我们可以从两个方面来理解“整体”的含义。

一方面，构成环境的诸多元素，如室内环境中的界面、家具、灯具、陈设，室外环境中的建筑物、广场、街道、绿地、雕塑、壁画、广告、灯具、小品、各类公共设施甚至光影、声音、气味等，并不是简单地堆积在一起，而是相互影响、彼此作用。各元素之间、元素与整体之间都有着密切的关系，如材料关系、结构关系、色彩关系、尺度关系等。只有通过一定的艺术设计原则处理好这些关系，将诸元素有机地组合起来，才能构成一个多层次的整体环境。因此，环境艺术也被称作“关系的艺术”。

另一方面，环境艺术是一门新兴学科和典型的边缘学科，是技术与艺术的结合，是自然科学与社会科学的结合。吴良镛先生在其论著《广义建筑学》中指出，城市与建筑、绘画、雕刻、工艺美术以至园林之间的相互渗透促进了环境艺术的形成和发展。环境艺术的内容涵盖了建筑、规划、园林、景观、雕塑等各个领域，涉及城市规划、建筑学、艺术学、园艺学、人体工程学、环境心理学、美学、符号学、文化学、社会学、生态学、地理学、气象学等众多学科。当然环境艺术并不是上述学科的总和，而是具有极强的综合性。

3. 环境艺术是体验的艺术

环境是我们生活的空间场所，环境艺术不同于绘画等纯观赏艺术，它是可以亲身体验的艺术。环境空间中的形、色、光、质感、肌理、声音等各要素之间构成各种空间关系，对身临其境的人们产生视觉、听觉、味觉、嗅觉、触觉等多重刺激，进而激发人的知觉、推理和联想，然后使人们产生情绪感染和情感共鸣，从而满足人们对物质、精神、审美等多层次的需求。

4. 环境艺术是动态的艺术

“罗马不是一日建成的”，任何成熟的环境都是经过漫长的时间逐渐形成并且不断变化的。从这个意义上说，环境艺术作品永远都处于“未完成”状态。环境艺术是人类文明的体现，只要人类社会发展，环境的变化就不会停止。每一次文化的进步、技术的发展，都会给环境建设的理念、技术、方法带来新的突破。因此环境艺术是一个动态的、开放的系统，它永远处于发展的状态之中，是动态中平衡的系统。

环境是人类行为的空间载体，而人及其活动本身就是环境的组成部分，步行街上熙熙攘攘的人群、游乐园里嬉戏的儿童、广场上翩翩起舞的老人、湖畔牵手漫步的情侣，这一切都使环境充满了动感和活力。而同一环境也会随着人们观赏的时间、速度、角度的变化而呈现出多姿多彩的景观。

（二）环境艺术的功能

环境艺术是实用的艺术，为人们提供了安全、舒适、方便、优美的生活环境，其核心是为了满足人们各种环境心理和行为需求。根据人的需求的多层次性和复杂性，我们可以将环境艺术的功能分为物质功能、精神功能和审美功能三个层面。

1. 物质功能

环境的物质功能体现在以下几个方面：首先，环境应满足人的生理需求。经过精心设计的环境空间，其大小、容量应与相应的功能匹配，能为人们提供具有遮风避雨、保温、隔热、采光、照明、通风、防潮等良好物理性能的空间；空间与设施的设计应符合人体工程学原理，满足不同年龄、不同性别人群的坐、立、靠、观、行、聚集等各种行为需求。例如：居住区环境中的休憩环境应为儿童提供游戏空间，为成年人提供交谈娱乐的空间，为老年人提供健身交往的活动空间，等等；而校园中的户外环境应满足师生课外学习、散步、休息、集会、娱乐、缓解精神压力的需要。其次，环境应满足人们不同层次的心理需求，如对私密性、安全性、领域感的需求。公共环境还应促进人与人的交往。此外，随着生活水平的不断提高，人们对环境的认识水平不断加深，越来越多的人厌倦了城市钢筋水泥的冷漠和单调，厌倦了千篇一律、缺乏文化特色的环境，因此环境艺术也应满足人们回归自然、回归历史、回归高情感的心理需求。

2. 精神功能

物质的环境往往借助空间渲染某种气氛来反映某种精神内涵，为人们的情感与精神带来寄托和某种启迪，尤其是标志性、纪念性、宗教性的空间，典型的如中国古代的寺观园林、文人园林，西方的教堂与广场，现代城市中的纪念性广场、公园及城市、商店、学校的标志性空间等。这就是环境艺术的精神功能。在此类环境中，主要景观与次要景观的位置尺度、形态组织完全服务于创造反映某种含义、思想的空间氛围，使特定空间具有鲜明的主题。环境艺术可以通过形式上的含义与象征来表达精神内涵，如日本庭园中的“枯山水”，尽管其不是真的山水，但人们由它的形象和题名的象征意义可以自然地联想到真实的山水。这种处理可以引起人情感上的联想与共鸣，有时比真的山水更含蓄，具有更为持久的魅力。人们也可以通过理念上的含义与象征烘托出环境的气氛，例如，中国古典园林在植物的应用上，首先选择的是那些常被赋予人文色彩的植物，如松、竹、梅、兰等，由此表达园林主人超凡脱俗、清新高雅、修身养性的生活意趣和精神追求。

3. 审美功能

对美的感知是一个综合的过程，通过一段时间的感受、理解和思考，做出某种美学上的判断。如果说环境艺术的物质功能是满足人们的基本需求，精神功能是满足人们较高层次的需求，那么审美功能则可以满足人们对环境的最高层次的需求。

首先，环境艺术满足人们对形式美的追求。同绘画、雕塑及建筑一样，环境艺术也是由诸多美感要素——比例、尺度、均衡、对称、节奏、韵律、统一、变化、对比、色彩、质感等建立一套和谐、有机的秩序，并在此秩序中产生一定的视觉中心的变化，从而创造出引人入胜的景观。环境艺术中的意匠美、施工工艺美、材质美、色彩美组成了环境景观美，继而有助于带来人们的行为美、生活美、环境美。

其次，环境艺术可以创造意境美。所谓意境美可理解为一种较高的审美境界，即人对环境的审美关系达到高潮的精神状态。意境一说最早可以追溯到佛经。佛家认为凭着人的智能，可以悟出佛家的最高境界。所谓境界，和后来所说的意境其实是一个意思。按字面来理解，意即意象，属于主观的范畴；境即景物，属于客观的范畴。一切艺术作品，包括环境艺术在内，都应当以有无意境或意境的深邃程度来确定其格调的高低。对于意境的追求，在中国古典园林中可谓表现得淋漓尽致。由于中国古典园林是文人造园，与山水画和田园诗相生相长并同步发展，因此追求诗情画意是造园的最高境界。中国古典园林综合运用一切可以影响人的感官的因素以获得意境美。例如，承德离宫中的万壑松风建筑群，苏州拙政园中的留听阁（取意留得残荷听雨声）、听雨轩（取意雨打芭蕉）等，其意境之所寄都与听觉有密切的联系。另外，一些景观如苏州留园中的“闻木樨香”、拙政园中的“雪香云蔚”等，则是通过味觉来影响人的感官的。此外，春夏秋冬等时令变化、雨雪雾晴等气候变化也成为创造意境的元素。例如，离宫中的南山积雪亭观赏雪景最佳，而烟雨楼的妙处则是在青烟沸煮、山雨迷蒙之中来欣赏烟波浩渺的山庄景色。中国古典园林还借助匾联的题词来破题，以启发人的联想，加强其感染力。如拙政园西部的与谁同坐轩，仅一几两椅，却借宋代大诗人苏轼“与谁同坐。明月清风我。”的佳句抒发出一种高雅的情操与意趣。

环境艺术这三个层面的功能是相互关联、共同作用的。

四、环境设计的定义

从广义上讲，环境设计涵盖了当代几乎所有的艺术与设计，是一个艺术设计的综合系统。从狭义上讲，环境设计主要是指以建筑及其内外环境为主体的空间设计。其中，建筑室外环境设计以建筑外部空间形态、绿化、水体、铺装、环境小品与设施等为设计主体，也可称为景观设计；建筑室内环境设计则以室内空间、家具、陈设、照明等为设计主体，也可称为室内设计。这是当代环境设计领域发展最迅速的两个分支，也是本书讨论的重点内容。

具体而言，环境设计是指设计者在某一环境场所兴建之前，根据其使用性质、所处背景、相应标准以及人们在物质功能、精神功能、审美功能三个层次上的要求，运用各种艺术手段和技术手段对建造计划、施工过程和使用过程中存在或可能发生的问题，做好全盘考虑，拟定好解决这些问题的办法、方案，并用图纸、模型、文件等形式表达出来的创作过程。

五、环境设计的内涵

环境设计是一门综合学科，具有深刻的内涵，我们可从以下三个方面来进行分析。

（一）环境设计的最高境界是艺术与科学技术的完美结合

环境设计的宗旨是美化人类的生活环境，具有实用性和艺术性的双重属性。

实用功能是环境设计的主要目的，也是衡量环境优劣的主要指标。环境设计的实用性体现在满足使用者多层次的功能需求上，也反映在将想象转变为现实的过程中。为此，环境设计必须借助科学技术的力量。科学，包括技术以及由此诞生的材料，是设计中的“硬件”，是环境设计得以实施的物质基础。科技的进步创造了与其相应的日常生活用品及环境，不断改变着人们的生活方式与环境，设计师成了名副其实的把科学技术日常化、生活化的先锋。例如，计算机和互联网的广泛应用不仅缩短了时空的距离，提高了工作效率，也使人们体验到了虚拟空间的无限和神奇，极大地改变了人们的生活模式和交往模式。而新技术、新材料、新工艺对环境设计的理念、方法、实施也起着举足轻重的作用。例如，各种生态节能技术与建筑的结合使生态建筑不再停留在想象和方案阶段，而是变为现实。从设计这一大范围来说，设计就是使用一定的科技手段来创造一种理想的生活方式。

环境设计的艺术性与美学密切相关，涵盖了形态美、材质美、构造美及意境美。这些都往往通过“形式”来体现。对形式的考虑主要在于对点、线、面、体、色彩、肌理、质感等各形式元素以及它们之间关系的推敲，对统一、变化、尺度、比例、重复、平衡、韵律等形式美原则的把握和运用。环境设计的艺术性还在于它广泛吸收和借鉴了不同艺术门类的艺术语言，其中建筑、绘画、音乐、戏剧等艺术对环境设计的影响尤为突出。

艺术与科技的结合体现在形式与内容的统一、造型与功能的一致上。成功的环境设计都是将艺术性与科学性完美结合的设计。艺术与科学相连的亲属关系能提高两者的地位：科学能够给美提供主要的根据，这是科学的光荣；美能够把最高的结构建筑在真理之上，这是美的光荣。随着环境声学、光学、心理学、生态学、植物学等学科应用于环境设计之中，以及利用计算机科学、语言学、传播学的知识来对人与环境进行深入研究与分析，相信环境设计会更加深化，其艺术性与科学性会结合得更为完美。

（二）环境设计的过程是逻辑思维与形象思维有机结合的过程

环境设计是科学与艺术相结合的产物，因此环境设计思维必然是逻辑思维与形象思维的整合。

逻辑思维是一种锁链式的、环环相扣、递进式的线性思维方式。它表现为对对象的间接、概括的认识，用抽象或逻辑的方式进行概括，并采用抽象材料（概念、理论、数字、公式等）进行思维；而形象思维则是非连续的、跳跃的、跨越式的非线性思维方式，主要采用典型化、具象化的方式进行概括，用形象作为思维的基本工具。形象思维是环境设计过程中最常用、最灵便的一种思维方式。

逻辑思维和形象思维在实际操作中往往要共同经历两个阶段：第一个阶段是让理性与感性互融，第二个阶段是通过感性形式表现出来。也就是说，在第一个阶段（接受计划酝酿方案时期），以逻辑思维为主的理性思考及创作思维需要和以形象思维为主的感性思考及创作思维结合，但设计者偏重于理性的指导，建立适当框架，对资料与元素进行全面分析和理解，最终综合、归纳，抽象地或概念性地描述设计对象，使环境艺术作品体现出秩序化、合理化的特征。在第二个阶段（表现方案逐步实施时期），理性和感性的思考及创作思维成果需要通过感性的表达方式体现出来，设计者需要以形象思维、想象、联想为主要思考方式，抓住逻辑规律，运用形象语言表达构思。

环境设计既具有严谨、理性的一面，又具有轻松、活泼、感情丰富的一面，只有把握逻辑思维和抽象思维的特性进行灵活运用，将理性和感性共同融汇于其中，才能创造出满足人们各种物质与精神需求的环境场所。

（三）环境设计的成果是物质与精神的结合

作为人为事物的环境设计具有物质和精神的双重本质。首先，物质性表现为组成环境的物质因素，包括自然物和人工物。自然物由空气、阳光、天气、气候、山脉、河流、土地、植被等组成，人工物（指环境中经过人的改造、加工、制造出来的事物）如建筑物、园林、广场、道路、灯具、休闲设施、小品、雕塑、家具、器皿等。其次，物质性表现为环境艺术的设计与完成，需通过有形的物质材料与生产技术、工艺，进行物质的改造与生产，设计制作的结果也以物品、场所的形式出现，带有实用性。环境设计的物质性能体现出一个民族、一个时代的生活方式及科技水准。

组成环境的精神因素通常也被称为人文因素，是由于人的精神活动和文化创造而使环境向特定的方向转变或形成特定的风格与特征。这种精神因素贯穿横向的区域、民族关系和纵向的历史、时代关系两个坐标。从横向上来说，不同地区、不同民族相异的宗教信仰、伦理道德、风俗习惯、生活方式决定着不同的环境特征；从纵向上来说，同一地区、同一民族在不同历史时期，由于生产力水平、科学技术、社会制度的不同，也必然形成不同的环境特色。精神性能反映出一个民族、一个时代的历史文脉、审美心理和审美风尚等。

人对环境具有物质需求和精神需求，因此环境设计也必须同时考虑这两个方面的因素，从而创造出既舒适方便又充满意境的环境空间。

第二节　环境设计的理论基础

环境设计是一门实用艺术，它不同于绘画、雕塑这些只有纯欣赏意义的艺术。环境设计是人创造的、为人类生活的艺术，它始终和使用联系在一起，具有实际的使用功能，同人们的生活紧紧地联结在一起，并与工程技术密切相关，是集功能、艺术与技术于一体的实用艺术形态。环境设计是艺术、科学与生活的适性整合，是功能、形式与技术的总体性协调，通过艺术设计的方式和手段，创造合乎人性的空间生活环境。

回顾人类文明的发展史，可以清楚地看到在不同的发展时期，人与环境的关系处于不同的层面上。在前工业社会，由于受到自然条件与技术能力的制约，人们被动地、潜意识地改造自身生存的环境。工业社会，科学技术的进步给人类的发展带来了前所未有的物质财富，技术力量的提高、生产力的进步增强了人们改变自身生存环境的信心，但在社会进步的同时，也带来了负面效应，自然资源迅速消耗，环境日益被破坏，人类生存的基础受到了威胁。技术的进步促进了人类社会的发展，但同时也带来了未预料到的问题。到了后工业社会，这些日益严重的问题迫使人们反思人类的发展历史，重新认识人与环境的关系，“可持续发展”理论被人们普遍认同，人与环境开始逐步向良性互动的方向发展，把自然还给人，把人还给自己，这成为人们的理想和目标。

中国亦走上了现代化的发展道路。前车之鉴，我们能否避免西方国家那样由工业发展给生存环境带来的不良影响？我们不应再盲目地追从西方国家，而应正确对待发展与环境的关系，悉心地爱护民族的文化传统和艺术精神，走我们自己的发展之路，用艺术设计的方式，创造新的生存环境，这就是现代环境设计的指导思想。这一指导思想来自艺术设计与其他学科的联系，环境设计实际上是多种学科的综合，它包括技术生态学、建筑人类学、环境行为学、心理学、环境美学、人体工程学等方面。

一、技术生态学

技术生态学包括两个方面的内容：一是环境生态，二是科学技术。技术生态学要求在发展科学技术的同时密切关注生态问题，形成以生态为基础的科学技术观。

科学技术的进步直接促进了社会生产力的提高，推动了人类社会文明的进步，而且给我们的生存环境带来了前所未有的、天翻地覆的变化。就环境设计而言，新的科学技术带动了建筑材料、建筑技术等日新月异的发展，并为环境设计形象的创造提供了多种可能性。辩证地讲，任何事物的发展都具有两重性，技术的进步也同样如此，科技发展的效果也是正负参半。科技的进步解决了人类社会发展的主要问题，但在解决问题的同时也带来了另一种问题，这就是生态的破坏。生态问题成为人类生存新的困境之一。

从历史的角度来看，人类的困境同人类历史一样古老，旧的难题的解答也就意味新的难题的诞生。人一直在为自身生态环境的改善而努力。在人类社会发展的早期阶段，人们只能消极地适应自然环境，影响自然界的能力非常有限，甚至可以说微乎其微；随着科学技术的进步、社会生产力的提高，人们认识自然、改造自然的能力空前提高，但掠夺性地盲目开发自然资源，导致自然环境遭到了破坏，因此自然环境自我调节的能力下降，自然界开始以它自己的方式不断地“报复”我们。在城市建设与环境设计的建设上同样如此，多少年来，我们为建设成就、建筑业的发展而自豪的同时，建设性的破坏也随之而来。技术生态学要求尽量减少这种破坏，保持其与自然的平衡。

从历史发展来看，有些学者对此早有预料，如德国博物学家海克尔等，都较早地以冷静的态度对待技术的发展，但是他们的理论未能引起人们的普遍重视。这种情况一直到世界范围的重大公害事件相继出现，人们对环境危机才开始有所认识，并努力寻求对策。在学术界，生态主义、环境保护主义、罗马俱乐部“增长的极限”学说等层出不穷。这一浪潮自然也影响到了城市规划、建筑学的发展，导致了城市生态学、住宅生态学、风景生态学的兴起。在建筑生态学方面，如英国著名园林设计师麦克哈格提出“结合自然的设计论”，谴责那种以开发征服的手段来满足物质的需求与欲望，对自然强取豪夺、百般摧残的野蛮行为，希望人类不要忘记自己也是自然的一分子，是新陈代谢的成员，他强调人与环境协调的重要性。当然，由于各地社会经济条件和科学技术水平的不同，生态系统和人类生产活动为核心的人工生态系统的态势也不相同。因此，各个地区在实现现代化的过程中需要根据生态系统的具体情况采取不同的措施，最大限度地发挥生态系统的效能，又要避免对自然环境的破坏；而这些措施既要考虑自然条件，又要考虑社会条件，应当把生态系统调整的效率作为衡量现代化程度的标志之一。

总之，我们要综合地、全面地看待技术的作用，既不能轻视技术，也不能走“技术万能”“技术至上”的极端。我们要正确处理技术与人文、技术与经济、技术与社会、技术与环境等各种矛盾关系，因地制宜地确立技术和生态在环境设计中的地位，并适当地调整它们之间的关系，探索其发展趋势，积极、有效地推进技术的发展，以求得最大的经济效益、社会效益和环境效益。

二、建筑人类学

诞生于19世纪的文化人类学，以其对人类传统的观念、习俗（包括思维方式）及其文化产品的精致研究，而在世界文化史上产生了深远的影响，并且被应用于建筑学领域。文化人类学认为，文化传统的发展趋势是个性特征的集合。而群体（或集体）的特征，就是对共同事物的理解方式和共同具有的价值观念及类似的情绪反应。当代建筑思潮中的“寻根”意识，即对集体无意识中某一传统建筑文化模式的认同。

传统问题在当代设计领域受到重视的一个缘由，是现代主义所造成的负面影响——城市与建筑环境美学上的变质。具体来讲，就是感性知觉及其与人的精神保持同一性的性格特征，以及建筑与自然和人文环境同样的象征作用，大都被工业理性主义和商业功利主义所掩盖或丢失了。从城市生态学的角度来看，这已不仅仅是一个继承传统的问题，而是与人类生存环境的发展息息相关。人文环境作为一种社会生态系统，必然要在发展进化中继承历史，延续传统。

建筑人类学的首要目标是为建筑历史与理论研究提供一种方法论补充，从文化生态进化的角度，重新认识传统建筑的内在价值与意义。其次，它也可以为建筑创作理论提供一种方法论基础。建筑人类学既反对为新而新，也不主张怀古恋旧，而是开辟了一条在特定自然与人文环境中体察人的观念和行为与建筑的关系，从而形成设计前提的道路；并且在传统的延续中进化，使集体无意识进入创造层次。因此，建筑人类学并不停留在对传统建筑的理解和注释上，而是同时有助于建筑创作中悟性的提高及建筑潜能的发挥，使建筑给人以精神感受和审美的愉悦。这对于环境设计同样重要，室内设计不是为了继承传统而继承传统，其目的是人的居住，继承传统是因为传统中具有值得发扬的文化精神和品格。

不同的人类社会组织，都以各自独特的方式建立和发展起自己的聚落和城市建筑文化模式。这些模式一方面反映了生态系统、技术水准、生产和产业方式，以及特定观念形态的潜在作用；另一方面亦反映了普遍的继承及其与特定形式的关联。因此，建筑人类学首先要考察各种异质环境的本质，即深层地把握场所精神以及影响设计形式的潜在动力，以具体的环境材料来论证对城市空间的体验与反映方式，并通过社会交流系统来发现建筑的各种潜在意义，也就是说，它致力于探讨建筑的本质，以及如何以社会交流系统中人的习俗和行为为中介，使外在的意义空间——场所精神转化为建筑的意义空间。

注重第一手实际材料的调查，是文化人类学最基本的研究方法，建筑人类学、环境设计亦然，它们是非思辨的，直接与具体的环境对话。通过考察与体验取得城市与建筑的环境材料，其中包括空间物质结构方面的内容，观念、习俗等非物质结构方面的内容，其考察要点可以简洁地概括为以下四个方面：城市聚居的物质结构；城市建筑的拓扑学特征；城市模式的历史进化；建筑空间与社会行为的相互关系。

建筑人类学认为，要使外在的意义空间——场所精神转化为有意义的建筑空间，就要把建筑看作社会交往中人的各种行为的组织形态。它是通过体现观念、习俗的社会行为及其组织形态，而转化为建筑空间的意义。

建筑人类学既可以帮助我们理解以往建筑空间的意义，又可以帮助我们创造新的有意义的建筑空间和生活空间，创造一个美的、宜人的生活环境。

三、环境行为学

环境行为学的研究始于20世纪50年代，它研究建筑环境如何作用于人的行为、性格、感觉、情绪等内容，以及人如何获得空间知觉、领域感等。在环境行为学的研究中，美国学者霍尔提出了邻近学理论，指出了不同文化背景下的人是生活在不同的感觉世界中，他们对同一个空间，会形成不同的感觉；而且他们的空间使用方式、领域感、个人空间、秘密感等也各不相同。这就从行为角度否定了国际式风格千篇一律的处理方法。霍尔把邻近学定义为“研究人如何无意识地构筑微观空间——在处理日常事务时的人际距离，对住宅及其他建筑空间的组织经营，乃至对城市的设计”。邻近学的主要研究方向是：个人空间和身体的缓冲带，面对面交往时的空间姿态，室内外环境的空间布置，不同文化条件下对空间的知觉类型，以及固定形体和半固定形体的空间特性，等等。

随着现代主义建筑在使用中问题的不断暴露，对环境空间的安全性问题、可识别问题的研究也日益迫切，这些也都给环境行为学提供了新课题。环境行为的研究，又促成了创造新型的空间，这直接影响到“景观办公室”和“中庭空间”的出现。人的行为已经成为设计的焦点。

四、心理学

如果说奥地利心理学家弗洛伊德对于本能需要和本能的极度重视来源于达尔文的思想，是基于他认为“人既无异于动物，也不高于动物”的观点。那么，美国心理学家亚伯拉罕•马斯洛（以下简称“马斯洛”）则从相反的方面高举起了人本主义的旗帜。从人本主义的立场出发，马斯洛提出了著名的“需求理论”。他认为人的需求从低级发展到高级分为五个层次，呈阶梯形：生理需要、安全需要、归属和爱的需要、尊重的需要、自我实现的需要。

（一）生理需要

生理需要是人的需要中最基本、最强烈、最明显、最原始的一种，是对于生存的需求。所谓“饮食男女”“民以食为天”，人需要食物、空气、水、住所，这是人类赖以生存的基本生理需要。如果一个人极度饥饿，那么除了食物，他对其他东西会毫无兴趣，他梦见的是食物，记忆的是食物，想到的还是食物。他只对食物有感情，只感觉得到食物，而且也只需要食物。生理需要是人类最基本的需要，它是推动人们行动的最强大的而且是永恒的动力。

在这种心理要求下，人们一般比较喜欢秩序和稳定。

（二）安全需要

生理需要得到充分满足之后，就需要得到安全方面的满足。安全的需要，也就是人们在心理上对稳定和秩序的需要。它包括生理安全、心理安全等。

（三）归属和爱的需要

归属和爱的需要又称作社会需要。生理和安全的需要得到满足时，对爱和归属的需要就随之出现了。人是一种具有社会属性的动物，渴望与别人交往，得到别人的支持、理解、关心和照顾。马克思认为人是社会的产物，每个人都有一种归属于团体或群体的情感，希望成为其中的一员并得到关心和照顾，因此需要社会交往。德国作家费希特曾经说过："只有在人群中，人才成为一个人。如果人要存在，必须是几个人。"

（四）尊重的需要

马斯洛认为，尊重的需要可以分为两类——自尊和来自他人的尊重。自尊包括对获得信心、能力、本领、成就、独立和自由等的愿望。来自他人的尊重包括这样一些概念：威望、承认、接受、关心、地位、名誉和赏识。

（五）自我实现的需要

当一个人对爱和尊重的需要得到合理的满足之后，就会产生自我实现的需要，这在马斯洛的需要层次说中是最高层次的需要。马斯洛把人类的成长、发展、利用潜力的心理需要称为自我实现的需要，他认为这种需要是"一种想要变得越来越像人的本来样子，实现人的全部潜力的欲望"。

马斯洛说，一个需要一旦得到满足，它就不再成为需要，便会产生出更高一个层次的全新的需求。因此，当人们对物质的需求得到满足时，精神的需求便成为下一个动机。对人文现象、人文因素的关注，已成为当代的一个主要特征。

环境设计的实用功能和精神功能可以说在不同层面上具有满足人以上五

方面需要的特征，实用功能满足了人的生理和安全的需要，美的形式又集中体现了人的另外三种需要。

五、环境美学

环境美学把环境科学与美结合起来，是综合生态学、心理学、社会学、建筑学等学科知识而形成的边缘学科。环境美学是随着人类对美的追求，随着人类环境的生态危机出现后人类对自己生存环境的哲学思考而产生的。

后工业社会和信息社会以来，人们所面临的挑战，已经不再是为了基本的生存权与自然进行的一场搏斗，而是人类为了自身更好地生存与延续，反思人为的生产过程和产品。正是因为在人类创造物质成果的过程中资源匮乏、生态恶化、生存环境的异化以及人类自身被压迫等状况的发生，所以才引出了人类最大的威胁。这种挑战在设计界也同样存在，设计既给人创造了新的环境，又破坏了既有的环境；设计既带来了精神的愉悦，又经常是过分的奢侈品；设计既有经常性的创新与突破，但这种革命又破坏了人们所熟悉的环境和文化传统，而强加给人们不熟悉的东西。

科技的进步推动人类社会的发展，但同时也带来了人类文明的异化。生态环境已被破坏到无以复加的地步，远远地超出了它的自我调节能力。人们生活在钢筋水泥的丛林里，丧失了自然的天性，然而，人们对环境的生物性适应能力是有限度的，而且是改变不了的。越是高度的文明，越是充满了各种矛盾和冲突，人们的需求也越复杂，对自身的生存环境也越来越重视。人们再也不能继续忍受那种干枯荒芜的生存空间，而是对自身的生存空间有了更广泛的需求，于是人们回归自然的愿望日益强烈，怀旧的情绪日益增长，这使人们必然对自己生存的环境进行美化、再创造，并认识到既然环境是因人类的经济行为和建设活动而破坏，也必然要通过人类经济行为和建设活动来改善环境、美化环境。环境美学的意义在于它揭示了人类的理想与愿望，这些理想和愿望作为人类生活的目标激励人们不断地去努力和追求。

六、人体工程学

环境设计不仅是艺术上的创作，更是科学技术上的创造。因此，环境设计是艺术与科学技术结合的产物。随着设计中科学思想的渗入、科学含量的加大，环境设计的方法也逐渐从经验的、感性的阶段上升到系统的、理性的阶段。环境设计学科的发展，一方面是建筑技术，包括声学、光学、热学、建筑材料的研究；另一方面则是“人、设施与环境”关系的研究，即所谓的“人体工程学”。

人体工程学的名称很多，包括人类工程学、人因工程学、人机系统等，从内容上可以分为两大类：设备人体工程学和功能人体工程学。

设备人体工程学是从解剖学和生理学角度，对不同的民族、年龄、性别的人的身体各部位进行静态的（身高、坐高、手长等）和动态的（四肢活动范围等）测量，得到基本的参数，作为设计中最根本的尺度依据；功能人体工程学则通过研究人的知觉、智能、适应性等心理因素，研究人对环境刺激的承受力和反应能力，为舒适、美观、实用的生活环境创造提供科学依据。

人体工程学的宗旨是研究人与人造产品之间的协调关系，通过对人机关系的各种因素的分析和研究，寻找最佳的人机协调数据，为设计提供依据。设计是为人类追求生理和心理需求满足的活动，应该说有两个学科是直接为设计提出人物关系可靠依据的，即人体工程学和心理学（特别是消费心理学）。

人体工程学的核心是解决人机关系的问题，其中包括：人造的产品、设备、设施、环境的设计与创造；对于人类工作和活动过程的设计；对于服务的设计；对于人类所使用产品和服务的评估。

人体工程学的研究目的有以下两个方面：提高人类工作和活动的效率；保证和提高人类追求的某些价值，比如卫生、安全、满足等。人体工程学的接触方式和工作方法是把人类能力、特征、行为、动机的系统方法引入设计过程。

第三节　环境设计的原则

人们一直在为自身寻找、创造“存在佳境”，环境设计的目的是提供生存场所的合理创意和环境的适性整合，创造出一个既合乎自然发展规律，又合乎人文历史发展规律，具有较高品质的生存空间。

回顾人类文明的发展史，可以看出人与环境之间关系的转变：从适应自然环境到改造自然环境再到人与自然环境互动。从现今人们所生活的聚居环境中可以看出环境设计的发展，从被动、潜意识的改善到主动、积极的创造；从单一的功能需求到复杂的功能满足；从低层面的物质需要到高品质的精神追求。

科学技术的进步带来了社会生产力前所未有的发展和社会财富的急剧增加。应该承认，科学技术给世界带来了巨大的变化，极大地方便了人们的生活，显而易见，人类文明进步也越来越快，人类生活的整体环境品质得到了提高。但随之而来的是我们从未遇见过的问题，不受人类活动影响的纯自然环境已不复存在，甚至人类把自己的手伸向漫无边际的太空，现今我们所见到的自然环境都是人化的、社会化的自然环境。城市聚落是人工创造的人类聚居环境，是最敏感的生态环境之一；城市中有人工的艺术创造，又有大自然的艺术创造。城市化地域范围兴建的大量建筑物和构筑物，桥梁、道路等交通设施，尽管大都有积极的建设目的和动机，但是也在无意之中打破了自然环境原有的平衡状态，因此需要在较高的层次上建立一个新的动态平衡。

英国诺丁汉大学学者布兰达和维尔在其合著的《绿色建筑——为可持续的未来而设计》一书中，曾忧心忡忡地指出：“本质上说，城市是在地球这个行星上所产生的与自然最为不合的产物。尽管世界上的农业也改变了自然，然而它考虑了土壤、气候、人类生产和消费的可持续性，即它还是考虑自然系统的。城市则不然，城市没有考虑可持续的未来问题。现代城市的支撑取决于世界范围的腹地所提供的生产和生活资料，而它的耗费却反馈到了环境，有时还污染到很大范围。”虽然科学技术的进步使人类改造自然的能力空前增长，如填海造地、移山断河……但是难以改造包括人类自身在内的生灵对环境的生物适应能力，例如，对环境污染的忍耐极限。因此，在环境设计的设计和创造中，必须对人类予以人文的、理性的关注，在关注人类社会自身发展的同时，也要重视自然环境和人文环境的发展规律，有意识地促进人与环境互动关系的良性循环，创造共生的环境设计。因此，在环境设计中，必须要依据一些基本的原则。

一、尊重环境的自在性

环境是一个客观存在的自在体系，有其自身的特点和发展规律。人仍有其自然属性，同其他构成环境的要素一样，是环境的有机组成部分，是自然界进化发展的产物，人生活在这个系统中，并同这一系统共同发展。人类为了自身的生存和发展，可以利用环境、改造环境、创造环境，但人类绝对不是自然的主人，绝不可以对环境为所欲为。荀子认为：“天行有常，不为尧存，不为桀亡。”

在当代，人类对环境的破坏已成事实，生存环境因人类的创造活动和经济行为而恶化，却也只能通过人类的创造活动和经济行为来改善。面对人类生存环境的恶化和危机，我们必须思考人类自身生存的安危和自身的根基，重新思考人与环境的关系，对人类社会文明的发展史进行反思，寻求一条适合现在社会发展的道路，使环境设计走上一条良性循环的、可持续发展的轨道。

自然的历史和人的历史是相互制约的。这不仅表现在对新的城市空间的设计上，也体现在古城、古建筑等历史文化遗迹环境的保护更新上。总之，我们如果尊重了自然发展规律（包括自然环境和人造环境），就能从自然的恩赐和回馈中受益，使城市建设及其空间特色的形成和塑造更加科学合理，使历史城市得到更好的保护和有机更新，从而创造出独具特色的城市空间环境。反之，我们就会受到自然的报复和惩罚。

一位作家曾写道：我到过欧美的很多城市，美国的城市乏善可陈，欧洲的城市则很耐看。比方说，走到罗马城的街头，古罗马时期的竞技场和中世纪的城堡都在视野之内，这就使你感到置身于几十个世纪的历史之中。走在巴黎的市中心，周围是漂亮的石头楼房，你可以在铁栅栏上看到几个世纪之前手工打出的精美花饰。英格兰的小城镇保留着过去的古朴风貌，在厚厚的草顶下面，悬挂出木制的啤酒馆招牌。我记忆中最漂亮的城市是德国的海德堡，有一座优美的石桥架在内卡河上，河对岸的山上是海德堡选帝侯的旧宫堡。可以与之相比的有英国的剑桥，大学设在五六百年前的石头楼房里，包围在常春藤的绿荫里——这种校舍不是任何现代建筑可比的。比利时的小城市和荷兰的城市，都有无与伦比的优美之处，这种优美之处就是历史。相比之下，美国的城市很是庸俗，塞满了乱糟糟的现代建筑。他们自己都不爱看，到了夏天就跑到欧洲去度假——历史这东西，可不是想有就能有的。

中国很多极有特色的古城镇、文化遗迹，都在历史的风吹雨打中逐渐褪色，丧失了原有的特点，并且逐渐被无情的建设之手从我们的记忆中抹去。而今城市建设千篇一律，已失去了原有的地域特色和文化特征。

中国人只注重写成文字的历史，而不重视保存在环境中的历史，一种文明、文化的解体往往不仅仅是自然的风吹雨打和新陈代谢的结果，更多是由人的自私和无知造成的。人类历史上的悲剧大都是人类自己造成的。人文景观属于人类的机会只有一次，假如你把它毁掉了，那么纵使再重建起来，也已不是那么回事了。历史不是可以随意捏造的东西。真正的古迹，即使是废墟，都是使人留恋的，你可以在其中体会到历史的沧桑，感觉到历史至今还活着，它甚至能使我们联想到我们不仅属于一代人，更属于一族人。保护修缮古迹是可以的，但若要重建则得不偿失。

因此，环境设计作为人类创造生活空间的活动，必须尊重自然环境和历史环境的客观规律，尊重环境、保护环境，这是现代环境设计的前提，其他几个原则都是在这个前提下展开的。

二、发挥人的主体性

在信息化、全球化、商品化、市场化和环境危机、情感危机的时代背景下，人们的需要越来越复杂，人们在迷茫困惑中寻求自己的感情寄托，或怀念古老的生活方式，追寻传统文脉；或向往充满人情味、装饰味的地方民俗；或崇尚返璞归真、讲求自然；或追求高度的工业技术文明。因此环境设计出现了前所未有的繁荣景象。多元化的选择促使流派纷呈，但从中我们仍可以“嗅”到它们焕发出来的审美信息，并归纳出当代环境设计的变化趋势。就建筑的审美价值而言，其倾向于情理兼容的新的人文主义或激进的折中主义；就建筑的审美重心而言，从客体（审美对象）转向主体（建筑的欣赏者）；就审美经验而言，从建筑师的自我意识转向社会公众的群体意识。在这些审美趋势的召唤下，具体到当代环境设计上就是以人为中心、以心理需求的满足为重心。

环境作为人类生存的空间，与人们的生活是息息相关的，环境形成和存在的最终目的是为人提供生存和活动的场所。人是环境的主体，环境设计的中心便是人。以往环境设计的设计只注重实体的创造，却忽视环境的主角——人的存在。设计师的注意力全部集中在界面的处理上，而很少研究人的心理感受。然而人性的回归，使当代环境设计不仅将环境中的实体要素作为研究对象，还逐渐认识到环境的使用者——人。人们已不仅仅满足于物质条件方面的提高，精神生活的享受越来越成为人们的重要追求。环境设计的发展也从人们基本的生理需求转向更高层次的心理需求方面。环境设计面对人类的种种需求，不得不最大限度地适应人们的生活，从而使环境设计和当代人们的实际生活更加贴近。

对人的关怀是当代环境设计中的重点，这促使环境设计的审美重心从审美客体（环境设计）转向审美主体（人），同时也促使研究审美的注意力从“美”转到“美感”上，并认识到在以人为主体的当代环境观下，人的生理、心理需求的满足构成了环境设计审美的美感。相对于其他类别的艺术（如绘画、雕塑等），生理上的舒适是环境设计美感的一大特点，这是其他艺术难以比拟的，因而生理需求（健康要求、人体尺度要求等）的满足在环境设计审美中具有远远超出其他艺术审美的重要价值。但是，我们也应看到，艺术总是以满足心理、精神的需求（“愉悦性”心理需求和“情思性”心理需求）为最高目的，尤其是在今天人们审美水平普遍提高的情况下，人们已不满足于环境设计中的生理舒适感，而将审美热情更多地倾注于从环境设计中获得心理上的“幸福感”，更看重环境设计中蕴含的文化意蕴、情感深度等，并从中获得更安慰人心的精神享受。

人的主体性是环境设计的出发点和归宿。

三、建构环境的整体性

在人们的审美活动中，对一个事物或形象的把握，一般是通过对它整体效应的获得，人们对事物的认识过程是从整体到局部，然后再返回到整体，也就是说要认识事物的整体性。在这里，整体可以通过两个关键词去理解：一是统一，二是自然。在整体的结构中，这二者合一。一个整体的结构按照自然原理构成，那就是结构的所有构成部分的和谐及整体的协调。这种结构的特性和各部分在形式和本质上都是一致的，它们的目标就是整体。

格式塔心理学为我们提供了关于整体的理论。格式塔的本意是“形”，但它并不是物的形状或物的表现形式，而是指物在观察者心中形成的一个有高度组织水平的整体。因而“整体”的概念是格式塔心理学的核心。它有两个特征：其一，整体并不等于各个组成部分之和；其二，整体在其各个组成部分的性质（大小、方向、位置等）均变的情况下，依然能够存在。

作为一种认知规律，格式塔理论使设计师重新反思整体和局部的关系。古典主义是建立在单一的格式塔之上的，它要求局部完全服从于整体，并用模数、比例、尺度以及其他的形式美原则来协调局部和整体的关系。但是，格式塔理论还指出了另一条塑造更为复杂的整体之路：当局部呈现为不完全的形式时，会引起知觉中一种强烈追求完整的趋势（例如，轮廓上有缺口的图形，会被补足成一个完整的连续整体）；局部的这种加强整体的作用，使之成为大整体中的小整体，或大整体的一个片段，能够加强、深化、丰富总体的意义。因此，人们重新评价局部与整体、局部与局部的关系，重新认识局部在整体中的价值。

环境设计作为一个系统、一个整体，是由许多具有不同功能的单元体组成的，每一种单元体在功能语义上都有一定的含义，这众多的功能体巧妙地衔接、组合，形成一个庞杂的体系——有机的整体，这就是环境的整体性。

环境设计是由具体的设计要素构成的，如空间、自然要素、公共设施、陈设、家具、雕塑、光、色、质等。根据格式塔心理学，环境设计最后给人的整体效果，绝不是各种要素简单、机械累加，而是一个各要素相互补充、相互协调、相互加强的综合效应，以及强调整体的概念和各部分之间的有机联系。各组成部分是人精神、情感的物质载体，它们一起协作，加强了环境的整体表现力，形成某种氛围，向人们传递信息、表达情感、进行对话，从而最大限度地满足人们的心理需求。因此，对于环境设计的“美”的评判，在于构成环境设计要素的整体效果，而不是各部分“个体美”的简单相加。“整体美”来自各部分之间关系的和谐，当代环境设计对“整体性”的追求，也就是对环境设计组成要素之间和谐关系的追求。

美国得克萨斯州爱尔文市威廉姆斯广场，是一个城市环境中的开放式空间。其中唯一的景观是位于广场中心的一组奔马雕像，其主旨是表现西部开发的传统，其原型可以一直追溯到早期西班牙人在美洲探险的历史，他们以此纪念他们将自己的生活方式带到西半球。奔马栩栩如生的形象象征着得克萨斯现代文明的先驱者们的创业信念。这一环境的整体构想，是要通过富于个性的形象折射出特定场所与城市在文脉上的关系，同时又兼顾广场自身的标志性。此环境处理的要点有二：一是要制造一个渲染烈马狂奔的环境；二是要点明奔马的历史史诗所发生的地点，即当地的气候特征与周围的地貌梗概。距广场不远处有一处湖泊，因此水的引入而使广场景象相得益彰，它可以使落地的马蹄“溅出”飞扬的水花，在形式上加强了奔马形式的合理性，而雕塑的背景，包括建筑饰面和地面铺装，均使用黄色、褐色相间的花岗岩，借以暗示广阔而干涸的沙漠平原特征。

从上面的这个实例中，可以充分地认识局部和整体的关系，给予两者同等的价值，要辩证地看待两者的关系，在实际创作中把握适当的“度”，不能不重视，也不能过分重视。另外，我们还要以运动和变化的方式看待整体和局部，今天的空间变化比以往任何时候都要复杂、丰富，这种多层次、多角度的相互穿插、更迭，使得整体和局部之间的界限越来越模糊，在特定的条件下，局部可转化为整体，整体也可以转化为局部。

四、创建时空的连续性

环境设计不同于雕塑、绘画、电影和音乐等纯欣赏的艺术，它是一种具有使用功能价值的空间艺术，而且具有自己的时代特征。

环境设计的创造与形成是自然环境与人文环境共同作用的结果。在人类征服自然、改造自然的过程中，逐渐形成了适合特定自然环境的环境设计。一方面，与环境设计相关的自然条件，如气候、地理环境、材料技术、物质条件等都具有决定性的意义。民居是历史上最早出现的建筑类型，它的环境设计的形成和发展，在很大程度上受自然条件的影响，不同地域的民居在形态上有很大的差异，形制变化万千。北京的四合院、皖南的徽派民居、云南的干栏式建筑、西北的黄土窑洞、云南的土楼等都是适应自然的产物。

另一方面，随着技术的进步，人文因素（政治制度、意识形态、社会文化心理等）起到越来越重要的作用，而自然因素对环境设计的制约相对减少。环境设计是一个巨大的物质载体，人类文明发展史都在环境设计中清晰地烙上了痕迹。环境设计的发展史在一定程度上来说，就是一部人类文明的发展史。环境设计作为人类文明的载体，社会文明的新旧更替在环境设计中必定会有所体现，因此环境设计在形式上具有一定的时空连续性，与历史和未来相连接。

环境设计的创造是一个不断完善与调整的过程，其永远处于新旧交替、不断变动之中，并成为一个动态的、开放的体系。这种变动又是一种积累，其既含有古老的东西，又在不断地产生新的事物，新旧共生于同一载体之中，相互融合，共同发展。

例如，北京天安门广场以其政治的、文化的和精神的巨大力量，每天吸引着无数的中外游人。它经过数十年的改进才形成现今的形象，它是逐步完善起来的。可以毫不夸张地说，天安门广场的历史变迁其实就是一部近现代中国的发展史。在它的细微之处浓缩着中国数十年以来的风风雨雨、思想变迁和文化的发展。广场北侧，透过喷泉飞溅的迷蒙水雾，是在鲜花和绿草衬托下的色彩华丽、厚重的中国传统宫殿——故宫博物院；广场西侧，是庄严、带有民族传统形式的人民大会堂和一座西式新古典主义的建筑中国银行；广场东侧，是宏伟的、带有民族传统形式的革命历史博物馆，与人民大会堂遥相呼应；广场南侧，是传统的前门箭楼；广场东南侧，是维修一新的西式旧前门火车站；广场中间是人民英雄纪念碑和毛主席纪念堂。这些修建于不同年代、风格迥异的建筑现实存在于天安门广场这个环境中，新旧文化在这里延续，东西文化在这里碰撞。各种文化或多或少都有各自的存在和表现空间。

任何事物的发展都是在否定之否定的过程中实现的，它不断地从体外吸收养分，促进自身的新陈代谢、有机更新。尤其是在文化的发展上，不管这些养分是自己主动吸收的还是外界强加的，它都能改善自身的机能，促进自身的发展。

五、尊重民众意识

环境设计的审美价值，已从“形式追随功能”的现代主义转向情理兼容的新人文主义；审美经验也从设计师的自我意识转向社会公众的群众意识。在现代主义运动前期，维也纳分离派的建筑师对待业主还像是粗暴的君主，使其唯命是从，密斯为了坚持自己的设计原则曾与业主争吵不休；而现在，建筑活动变成了消费时代消费品的一部分，它如同摆在货柜上的商品，人们可以根据自己的喜好任意选择。使用者的积极参与使当代的设计文化走向了更为民主的道路。

“公众参与”已不只是一句漂亮的口号，它已渗入我们的设计。在不知不觉中，大众的口味已在引导着我们的设计方向，有时甚至起到支配作用。在中国，公众参与的意识一般仅限于私人的空间，参与公共环境设计的意识还没有那么强烈。

20世纪80年代，法国为纪念法国大革命200周年而扩建卢浮宫，贝聿铭先生受命进行扩建设计。方案一出台，引起了轩然大波，法国人，特别是巴黎人，都感到他们有责任对可能改变卢浮宫形象的扩建计划发表自己的意见。一时间，报纸上沸沸扬扬，人们津津乐道于发表自己的见解。《费加罗报》公布的一项调查表明，90 % 的巴黎人赞成对卢浮宫进行修复，但同样多的巴黎人反对建造“金字塔”。“金字塔战役”绝不仅是围绕卢浮宫进行的一场无关紧要的小争执，它变成了与法国文化的未来直接相关联的哲学大争辩。法国人无不自豪地把自己看作审美方面的仲裁员。全体巴黎人以法国人特有的孤傲认为，贝聿铭将要对巴黎那幢新古典主义的、如诗如画的建筑物所做的改动绝不仅仅是一种侵扰，更是对法兰西民族精神即法国特色民族精神的可怕威胁。然而巴黎人最终还是接受了这个外国人所做的方案，他们觉得，这个方案没有那种所谓“现代主义玩意儿”的性格，恰恰相反，它是基于一个能完美地适应这样一个建筑群体的基本概念之上的东西。

环境设计的意识民众性，是针对公共环境设计提出的，尤其是针对中国目前的环境设计现状，有多少个公共空间的环境设计是公众真正参与的结果？环境设计往往脱离了它的最大所有者。我们必须意识到，公共环境的存在是为大多数人服务的。在这里，大众是设计师的服务对象，无论是在室内环境中，还是在室外环境中，应力求与环境的最大所有者沟通，并为之服务。

另外，意识的民众性还有一个含义——雅俗共赏，即环境设计的品质风格不仅要被少数人所接受，还要被大多数人所欣赏，我们既要“阳春白雪”，也要“下里巴人”。

第二章　可持续设计概述

第一节　可持续发展的概念

一、可持续发展的提出背景

（一）背景

对经济快速增长的片面追求，导致自然环境遭到严重破坏，尤其是新的科学技术革命推动了经济的快速增长，却也造成了严重的后果。因此，20世纪七八十年代，出现了严重的生态环境问题，生态危机、经济危机和结构性危机交织在一起，人类的发展出现了不和谐的一面，社会前景笼罩在一片阴影之中。严峻的现实引起了世界范围内关于世界未来和人类未来的重大辩论。

（二）《增长的极限》

1972年，罗马俱乐部提出了关于世界发展方向的研究报告《增长的极限》。报告指出，假如人口和资本以现在的速度持续增长，世界将面临“灾难性的崩溃”，防止这种情况出现的最好方法是限制增长，甚至是“零增长”。1980年，美国的《公元2000年的地球》报告支持这一结论：假如按照当时的发展趋势继续下去，2000年全球会更拥挤，生态污染会更严重，生态系统会更不稳定，虽然全球物质产量在增加，但在很多方面，人们都会比当时更贫穷。但是，与悲观派相反的乐观派则走向另一极端，1976年卡恩的《今后二百年》、1981年西蒙的《没有极限的增长》及1984年西蒙的《资源丰富的地球——驳〈公元2000年的地球〉》报告认为：生产的不断增长能为更多的生产进一步提供潜力，地球上有足够的土地及其他资源供经济不断发展；虽然人类面临着经济快速增长带来的问题，但人类的能力是无限的，这些问题不是不能解决的，世界发展的趋势是不断改善而不是逐渐变坏；世界人口在持续增长，而世界经济增长更快，人们的生活水平不仅没有下降，反而得到了改善；当今世界的贫困和饥饿在很大程度上是由全球不合理的经济秩序、政治和军事等原因造成的，并非因为土地及其他资源的限制，世界剩余粮食的存在便是明证。

《增长的极限》使用极端的言辞，夸大了人口增长、粮食和能源不足以及环境污染的严重性。自然环境与人类构成的系统不是简单的线性系统，而是非线性的复杂系统，不能用线性思维去理解，《增长的极限》中的预测模型过于简单，远不能精确地预测未来。与此同时，《增长的极限》所提出的"零增长方案"在现实中也难以推行和实现。尽管如此，《增长的极限》等报告起到了对人类敲响警钟的作用，在国际社会引起了极大反响，引起了世界各国对世界发展方向的关注，并引发了世界范围内的一场关于"停止增长"还是"继续发展"的广泛讨论。

（三）《我们共同的未来》

早在1972年的联合国人类环境会议上就通过了《联合国人类环境会议宣言》，尽管当代可持续发展的概念尚未提出，但这是可持续发展的背景和基础。这一事件加上1992年举办的联合国环境与发展会议是可持续发展概念领域的两个历史性的事件。可持续发展的概念，1980年第一次出现在国际自然保护联盟的《世界自然保护大纲》当中。1981年，布朗提出了社会可持续发展的概念，但这并没有得到世界的全面关注。直到1987年，当时的挪威首相布伦特兰夫人担任世界环境与发展委员会主席，她发表了著名的《我们共同的未来》报告，引起世界的全面关注。随后，在1991年，世界自然保护联盟、联合国环境规划署和世界野生生物基金会编写了一篇名为《保护地球——可持续生存战略》的文章。联合国环境与发展大会在1992年6月召开并通过了《21世纪议程》，为世界范围内可持续发展的实施制定了准则，这反映了在环境与发展方面致力国际合作的全球性的共识。

（四）《21世纪议程》

1972年的联合国人类环境会议之后，人们对环境问题的了解慢慢加深。到了1992年，国际社会关注的热点已由环境保护转变为环境与发展。这是人们在人地关系认识上质的飞跃，是人类社会进步和经济高速度发展的内在需要。人们了解到，只有将环境问题置于社会和经济发展的框架和结构内统筹考虑，才能从根本上解决问题。1992年6月，联合国环境与发展大会在里约热内卢举行，183个国家代表和联合国及其下属机构等70个国际组织的代表出席了会议，102位国家元首或政府首脑在会议上发言。这次会议否定了工业革命以来"高产能、高消耗、高污染""污染优先"和"后治理"的传统发展方式，可持续发展的概念被普遍接受。会议认为，环境与发展是密不可分的，应建立一种新的全球伙伴关系，以保护地球的生态环境，完成可持续发展的目标。会议签署了几份关键的文件，如《里约热内卢环境与发展宣言》和《21世纪议程》。《里约热内卢环境与发展宣言》是世界环境服务领域的框架和结构性文件，是为执行宣言确立的指导原则。该文件提出了实现可持续发展的二十七项基础原则。

《21世纪议程》的基本思想是：人类正处于历史的抉择关头，如果我们继续实施现行的发展政策，保持国家之间的差距，世界各地将增加贫困、饥荒、疾病和文盲，将继续使我们赖以生存的生态系统恶化；我们应当改变发展政策，改变所有人的生活水平，从国家、区域、国际水平上更好地保护和管理生态系统，创造一个更安全、更繁荣的未来。任何一个国家都不可能靠自己的力量取得成功，而联合在一起，我们就可以成功。

自1992年联合国环境与发展大会召开以来，很多国家制定了自己的可持续发展战略和本国的21世纪议程，并成立了可持续发展委员会。《21世纪议程》得到几乎所有国际组织的响应，联合国经济及社会理事会设立了可持续发展委员会。1992年之后，联合国可持续发展委员会每年举行一次全体会议，审查和评价世界各国对《21世纪议程》的执行状况。联合国各组织也与各自主管的区域和环境相联系，开展相关的项目活动，为相关地区的环境提供援助，这表明环境问题已成为焦点，并深入各个领域。制定新的世界性、区域性和双边的环境条约、公约和议定书，使全球领域问题“法律化”的趋势得到进一步发展，但是，西方发达国家不肯履行1992年联合国环境与发展大会上关于资金援助的承诺，在科学技术转让领域，也没有提供非市场机理的优惠条件，使发展中国家难以得到足够的环境无害化技术。甚至西方发达国家把环境保护作为针对发展中国家的新的贸易壁垒，他们制定种种严格的“环境标准”，把发展中国家的旅游产品限制在西方国家的市场之外。环境因素越来越多地成为国家和区域之间援助的附加条件，援助国要求受援国对有关项目进行“环境影响评估”，其结果是发展中国家失去了更多的发展机会，最终导致他们既无经济实力又无科学技术条件来解决本国的环境问题，并且更难以突破“环境保护”的贸易壁垒和附加条件。面对这种现实，发展中国家呼吁，尽快成立各国公平、合适、互惠、没有歧视的国际经济环境，使各国有平等的机会参与发展。

二、可持续发展的概念

可持续发展是人类社会对人地关系认识深化的体现，是人类社会发展模式的变革，是人类社会发展到一定阶段的必然选择。可持续发展强调社会经济的发展要与人口、资源、环境等诸多因素相协调，从更高层次和更广泛的意义上阐释人地关系。“可持续发展”一词，早期出现在20世纪80年代初一些发达国家发表的文章和文件中。“布伦特兰报告”以及国际经济合作发展组织的一些出版物较早地使用过这一词汇。目前，可持续发展作为一个完整的理论体系尚处在形成之中，其概念及含义在全球范围内仍存在广泛的争论，可谓仁者见仁，智者见智。

（一）从社会属性角度定义的可持续发展

1991年，由世界自然保护联盟、联合国环境规划署和世界野生生物基金会共同发表的《保护地球——可持续生存战略》，把可持续发展定义为在生存于不超过维持生态系统承载能力的情况下，改善人们生活质量的战略思想。该报告认为，可持续发展的最终落脚点是社会，人们需要建设可持续发展的社会，不能再过目前这种只顾眼前的生活，必须采取一种新的发展方式和新的生活方式，生活态度和行为必须做出重大改变，使其符合可持续发展这一新的准则，否则人们无异于以其生存和文明来赌博。

（二）从自然属性角度定义的可持续发展

生态学家最先提出了可持续发展的概念。最初主要针对单项资源，尤其是可更新资源，重点关注资源的使用量不能超过资源的自然增长量，旨在说明自然资源及其开发利用之间的平衡。其后，这一概念得到进一步扩展，应用于更加全面的资源系统——生态环境系统。1991年11月，国际生态联合会和国际生物科学联合会组织了一次关于可持续发展的研讨会。这次研究会一方面深化了可持续发展的概念，另一方面将概念界定为“保护和强化环境系统的生产和更新能力”。

从自然属性界定可持续发展的概念来看，可持续发展是寻求合适的生态系统，以支持生态的完整性和实现人类的愿望，使生存环境得以持续。该观点重点关注可持续发展的实现取决于自然生态系统基础，发展是使用地球上的资源来达到人的需要和愿望的进化过程，自然资源的有限性和环境容量的限制性制约着这种进化过程及其方向和速度。

（三）从经济属性角度定义的可持续发展

不管什么样的概念界定表达，都认为可持续发展的关键是经济发展，人们需要重新审视怎样促进和实现经济发展，经济发展不能以牺牲资源和环境为代价。皮尔斯在《世界无末日：经济学•环境与可持续发展》一书中认为，可持续发展意味着发展可以保证当代人的福祉，又不会削弱后代的福祉。一些专家还认为，可持续发展是今天的资源使用不应减少未来的实际收入。

（四）从科技属性角度定义的可持续发展

1992年，世界资源研究所公布了可持续发展就是建立极少产生废料和污染物的工艺或技术系统。一些专家认为，可持续发展是一个更清洁、更高效的科学技术，接近“零排放”或“不排放”的过程，尽可能降低能源的消耗和自然资源的减少。他们认为，仅仅采取减少能源和其他自然资源的消耗仍难以消除污染，污染不是工业生产活动不可避免的结果，而是科学技术差的表现，在可持续发展的实施中，科技进步起着重要作用。没有科学技术的帮助，就没有人类的可持续发展。

（五）国际社会比较接受的可持续发展概念

1987年，布伦特兰夫人主持世界环境与发展委员会，其中基于对世界的主要经济和社会资源环境的系统研究，她发表了《我们共同的未来》的报告，提出了可持续发展的概念：可持续发展是既满足当代人发展的需要，又不损害后代人的需要。报告的目标是不仅要满足人的需要，使其得到充分的个人发展空间，还要保护资源和生态环境，不能使子孙后代的生存和发展受到威胁。报告的主要思想是健康的经济发展应以生态可持续性、社会公正和人民自身为基础。报告尤其强调各种经济活动的生态合理性，奖励有利于资源和环境保护的经济活动，反之应严厉禁止。就发展的指标而言，人们不应简单地将国民生产总值作为发展的唯一指标，应当用社会、经济、文化和环境指标来综合衡量。

1988年，在联合国开发计划署理事会全体委员会的会议期间，就可持续发展的问题，发达国家和发展中国家展开了激烈的辩论，最终达成协议，呼吁联合国环境规划署理事会研究并且对“可持续发展”概念做出人们可以接受的定义。1989年，第十五届联合国环境规划署理事会发布了声明，“可持续发展”最终定义为既满足当前需要，又不削弱子孙后代满足其需要之能力的发展，同时不能含有侵犯国家主权的含义。联合国环境规划署理事会认为，实现可持续发展需要国家之间的公平合作，包括制定国家发展计划的优先次序和发展目标、向发展中国家提供帮助等。可持续发展意味着要有一个支持和帮助性的国际经济环境，其中各国，尤其是发展中国家的经济持续增长和发展，对创造优异的环境至关重要。可持续发展还意味着维护、合理使用和改善自然资源基础，这种基础支撑着生态抵抗能力，维持着经济发展。

此外，可持续发展中隐含的环境问题需要在制订发展计划和策略时被考虑进去，而不是作为援助或发展筹资的附加条件。布伦特兰的可持续发展概念被全面接受和认可，并且各国家和组织的代表在 1992 年的联合国环境与发展会议当中达成共识。

第二节　可持续设计的内涵

水源枯竭、环境污染、气候异常等一系列生态平衡失调的恶性发展结果，在可预见的未来里对人类的生存与进步带来的挑战与日俱增。越来越多的政府、公民和社会组织开始要求企业对其发展过程中带来的负面环境和社会影响负责，可持续发展成为企业战略议程中越来越重要的问题。由联合国主导的“千年发展目标”获得了全球范围内各个国家和地区积极广泛的参与，在各国政府的积极号召下，企业和教育行业都开始了可持续设计研究与应用探索，对社会可持续发展做出了积极的贡献。学界对可持续的研究涉及领域非常广泛，涵盖了经济学、社会学、设计学和管理学的研究，随着通信与信息技术的发展，计算机工程领域也开始了对可持续设计的研究，推动了可持续设计的蓬勃发展。

一、可持续设计研究概述

（一）可持续设计研究与发展

在生态与环境问题日益严峻的情况下，在可持续发展理念的影响下，“可持续设计”的概念开始出现，并逐渐成为一门新兴的学科，受到广泛的关注。“可持续设计”源于可持续发展的理念，是设计界对人类发展与环境问题之间关系的深刻思考以及不断寻求变革的实践历程。最初的尝试应追溯到二十世纪八九十年代的“绿色设计”浪潮。学界对可持续设计至今没有一个明确的定义，有学者认为可持续设计是以推进可持续发展理念为目的，通过某种方式开展的设计实践、教育与研究活动。基于教育与学界的研究，在不同的时期与背景下，可持续设计的发展经历了几个发展阶段，即绿色设计、产品服务系统设计和包容性设计。近年来，随着互联网技术的介入，“共享经济”和“循环经济”的概念也开始发展和应用起来。可以说，可持续设计的研究与发展是与时俱进的，它结合了时代特征、技术手段、商业发展和用户需求而发展出相应的形态，以满足社会可持续发展的需要。

二、可持续设计的发展

（一）绿色设计的形成发展

绿色设计又称生命周期设计、生态设计、环境设计，是指在对象的整个生命周期内重点考虑它的环境属性并将其作为设计目标，在满足环境目标要求的同时，保证对象应有的功能、使用寿命、质量等要求，使产品生产的各个环节达到最优化，也要使产品达到绿色环保的要求。绿色设计的思想是在“可持续发展”的经济思想和社会发展理论中萌生出来的。20 世纪 60 年代，维克多·巴巴纳克在《为真实的世界而设计》中提出绿色设计的理念，他强调设计应该为环境服务，应该最大限度地节约地球资源。1992 年的联合国环境与发展大会将绿色设计上升到了各国政府、组织的高度。2002 年，世界可持续发展高峰首脑会议上将过去十年忽略的环境问题设立了可行性的进度表，以此来促进各国绿色设计理念的实行情况。近年来各个国家也出台了一系列的政策法规来促进绿色设计的发展。

绿色设计原则简称“3R 原则”，即减小能耗、重复使用、循环再利用。绿色设计的发展已经形成了完整的体系与流程，针对绿色设计的研究也在随着时代与技术的进步不断更新。

（二）产品服务系统设计的形成与发展

采用可持续的方法进行产品设计和制造，正在成为工业可持续生产的指导策略。因此，开发可持续产品和服务的概念正在演变为当前清洁生产的关键要素，产品服务系统的概念应运而生。产品服务系统作为产品和服务集成解决方案的想法已经有十多年的历史了，能以可持续的方式满足最终用户的需求是产品服务系统设计蓬勃发展的主要原因。学界尚无公认的产品服务系统的定义，但产品服务系统的核心要素就是将产品与服务进行系统化组合，以满足用户的需求。

产品服务系统主要形成了面向产品、面向使用和面向结果的服务类型。在第一种服务类型中，主要产品仍然是产品本身，但是增加了一些额外的服务；在第二种服务类型中，产品的所有权仍保留在提供者或卖方中，并提供给用户，用户需为使用产品付费而不是为拥有权付费；在第三种服务类型中，参与者（提供者和委托者）在没有任何条件或只有很少预定条件的情况下就达成一致结果。学界对产品服务系统的研究集中于产品生命周期阶段可持续研究与用户感知评价方面。在对产品服务系统产品生命周期阶段的方法与感知研究中，有的学者从提出新的设计方法进行研究；有的学者从参与方的感知评价来进行研究；还有学者从创新现有研究方法出发来进行研究。这些研究都不断地扩充着产品服务系统的研究视角，为产品服务系统的发展提供了理论支撑。

针对产品服务系统的发展应用，以摩拜单车为例，其整体项目按照产品服务系统设计流程实行。首先，设计项目是为了满足用户绿色出行的需求；其次，在项目定位阶段迎合了健康出行与优惠的服务类型；再次，项目进行了单车品牌与产品的设计，同时配备应用程序实现智能部署在线查询与停靠的系统；最后，项目实现产品与服务的单车使用系统。

（三）包容性设计的形成与发展

包容性设计理念源于英国，是为了追求社会的公平性，多用于制度建设。包容性设计的含义是在产品设计或者服务性设计方面尽最大可能扩大适用的对象及环境，提高产品或服务的包容度，从而提高人们的生活质量和生活幸福感。它和无障碍设计、通用设计具有相似的含义，但它的设计理念是尽可能多地从产品本身去适应更多的群体，通过降低使用者操作的难度，可以同时为老人、儿童、残障人士、健康人士提供同样的服务，产品带来的幸福感不依赖于用户的文化程度、阅历、年龄、性别等，而是给予他们平等、公平的使用机会。设计界针对包容性设计的研究，集中于其设计流程和评估方式上。包容性设计流程符合产品设计的一般设计流程，区别在于在设计的全过程中充分考虑其包容性的使用。在包容性设计评估研究上，常见的评估方法有体验、观察、专家评估、问卷调查等，“能力—需求”模型被认为是最有效的评估包容性设计的方法。此外，基于生理信号测量的进展，一些生理数据的测量方法也逐渐应用于包容性设计评估中。

包容性设计的应用，也从产品设计拓展至移动界面设计，以及建筑设计领域和其他设计领域，对实现社会关怀与方便用户使用起到了积极作用。包容性设计的特征是尽可能地满足所有人，方便其使用，其设计价值观是尊重人的差异性。包容性设计更多关注特殊群体的平等使用，在移动应用的不断更新发展中，针对特殊群体使用的包容性移动应用层出不穷，极大地方便了用户的使用。

三、当今可持续设计的研究

互联网时代的到来，使社会生产和人们的生活方式发生了颠覆性的革新。可持续设计也在随着时代和科技进步，呈现出新的发展形势，在通信技术的支撑下，以“共享经济”为新形式的可持续设计开始蓬勃发展。

（一）共享经济的研究发展

2016年英国的共享经济发展组织机构从广义上对共享经济给出了非常宽泛的定义：共享经济是一个围绕人力资源和物质资源分享而建立的社会经济生态系统。其包含不同个体和机构之间物品和服务的创造、生产、销售、贸易和消费的分享，具体包含以下方面：交换、协作购买、协作消费、产权共享、价值共享、合作团体、共同创造、回收及回收再利用、重新分配、旧物交易、租赁、借贷、点对点经济、协作经济、循环经济、使用付费、点对点网络借款、社会媒体、开源软件、开放数据、用户生成内容等。共享经济依赖于第三方支付的兴起、生产资源的过剩以及互联网技术的支持，共享经济当前主要应用在金融、教育、生产、消费四大服务领域中，极大地促进了可持续设计的发展。

学界对于共享经济的研究主要集中在案例分析、经济模式研究以及效益评估等方面。其案例研究范围在不断拓展，出现了如共享汽车、共享单车、共享书店等案例，随着研究的进一步深入，共享经济还会出现更加新鲜的应用形式。共享经济的经济模式主要分为协作消费和协作生产两种类型，前者侧重于消费模式与服务系统的研究，后者侧重于生产方式与分配的研究，总体涵盖了整体的生产以及服务系统。在其效益评估方面，主要是对其生产方式以及用户满意度的评估。

共享经济应用方面，近年来比较热门的领域是共享社区的概念，共享社区不仅仅是经济可持续发展的新尝试，更是连接人与人的新的生活方式。在对共享社区的探索尝试中，明确了针对社区关怀、社区产品共享、社区服务共建为共享社区实现共享的主要方式。

（二）可持续设计的未来新发展方向

对于可持续设计的发展与未来研究，不少学者通过梳理可持续设计的文献资料，归纳当前的研究空缺，提出可持续设计的未来研究方向，学者们对于可持续发展的预测都涉及了可持续生产与消费方面，未来可持续设计的发展不仅是某一领域的专门研究课题，还是多学科交叉的研究分析课题，使可持续设计为更好地促进人类可持续发展做贡献。

可持续设计发展是人类应对资源和环境的突出问题所提出的应对策略，贯彻可持续设计对于社会生产和国计民生具有重要作用。纵观国内外可持续设计的应用与研究，可持续设计还需要更进一步发展，以应对复杂的国际市场与资源问题。当前，可持续设计发展的演变告诉我们，无论是绿色设计、产品服务系统设计还是包容性设计都是对可持续设计发展的探索，顺应时代与技术发展是可持续设计研究的基础，当前的可持续设计应用主要集中于产品、产品＋服务等与生活相关的领域，关乎文化、教育以及企业模式创新领域的研究还相对有限。未来资源与环境问题将更加突出，为了实现生态化的生活与发展，针对可持续发展模式的探索仍然是迫切而必要的。

第三节　可持续设计的美学观念

一、可持续设计与美学的关系

（一）全观视域下的可持续设计

可持续设计与伦理观紧密相关。国际工业设计联合会为设计下的定义是：设计是一种创造性的活动，其目的是为物品、过程、服务以及它们在整个生命周期中构成的系统建立起多方面的品质。意大利米兰理工大学的曼兹尼教授认为：这个定义值得肯定的地方是它不仅指产品，还包括了过程和服务，此外还提出了“整个生命周期”，体现了对环境问题的关注；但是，这个定义还是反映出设计的历史和传统的局限——以产品为导向的文化和幸福观念。在他看来，当今设计更恰当的定义是从以产品为导向转向以问题的解决为导向。设计是一项“创造性”的活动，这种创造性预设了设计活动是可以在一系列的可能性中做选择的，即自由和空间是设计的基本特征，与设计同时存在。在这样的选择空间中，会有好的选择和坏的选择，若说与好坏或对错相关的道德准则就是伦理，那设计师职业本身面临的选择实际上是一场伦理选择，设计师实际做出的是伦理价值的判断。

设计行业在西方社会产生之初就充满了伦理上的支撑，当时怀抱着知识分子理想主义的设计师在欧洲各国进行现代主义设计的探索和试验，直到美国开始了为企业服务的工业设计运动。但是曼兹尼教授认为无论主观的伦理动机多好，客观来说，设计在20世纪以来造成的后果和影响是消极的，特别是到了今天，出现了很多商业化的设计，为市场、为消费的设计就不用提，许多本来积极的动机也造成了恶果，其原因在于人们对幸福的观念发生了误解。亚里士多德认为伦理学就是追求幸福的方式，而当人们认不清真正的幸福的时候，往往也看不清通往幸福的伦理学。造成当前各种矛盾和危机的一个主要原因是主流的以物为基础的幸福观，当人人都追求同样高物质消耗的“更好”的生活的时候，地球就无法承受了。

谈到如此主观的幸福，可能随之而来的是另一个伦理问题，即“公正”问题，我们可以在道德理想层面上很理性地反对功利主义和消费主义，正如康德说人们在幸福的经验性目的及其构成上，有着不同的观点，因此，功利不能作为公正和权力的基础。如果将权力建立在功利的基础上，那么，就会要求这个社会来肯定或接受某一种幸福而不接受另外一些；将整个宪制都建立在一种特定的幸福观（如大多数人的幸福观）之上，就会给其他人强加一些价值观，这就没有尊重每个人追求他自己目的的权利。现代的各种公正理论都寻求那些中立于各种目的的公正原则，并使人们能够自己选择和追求他们的目的。究其原因，自然科学的兴起及其对世界的解释使现代人对自身的理解、对意义问题也出现“典范式转移”。形而上学、人性观以及宗教观的普遍性价值引导逐渐失范，将意义问题交还给个人选择，价值多元主义逐渐成为现代社会最显著的特征。自由社会尊重个人的选择，并保障每个公民享有同样的选择自己认为值得过的生活的权利。那是否就可以认为太具有指向性（如可持续）的幸福观与自由相冲突呢？亚里士多德并不如此认为，作为目的论者，他认为我们判断一个事物时绕不开判断这个事物的目的，不可能对事物保持绝对中立的状态。因此，幸福观不会是绝对中立的，设计的价值也不是中立的。

现代社会学认为在人类的生产活动和生活活动两者中，以往我们主要强调生产对生活的规定性作用，却忽略了生活的价值导向同社会生产的互构作用，这是需要我们加以匡正的。由于各种历史原因，长期以来在学术领域，生活方式大体上作为一个较低的层次，主要限定在衣、食、住、行、乐等日常生活的狭小领域，没有获得应有的理论地位。我们谈设计与生活方式时，也大都着重于描述生产方式变化带来的工具和材料的变化影响设计，进而带来人们生活方式的改变。人的物质生产活动很重要，但其仅是生活世界的组成部分，生产活动是为“生活”而存在的，具有工具、手段的性质特征，而人类生活方式是一种“有文化”的社会生存方式，使人与动物有所区分。因此，有学者认为生活方式是人的基本存在方式和把握社会的基本方式，“生活世界”才是本源，随着当代人类社会的发展，生活方式在社会发展中的地位日益上升。

曼兹尼教授认为生活方式是我们日常生活中一系列的解决方案，即人际、产品与基建的网络，有关网络让我们（或应让我们）取得成果，并赋予我们能力（或应赋予我们能力）做我们想做的事，过我们想过的生活。今时今日，我们知道这些奠定我们生活方式的解决方案，大都是不可持续的。可持续设计就是一种致力于构想和开发可持续解决方案的策略设计，可持续设计系统内的产品和服务能够使人们在消费更少环境资源的同时提高物质和社会的生活品质，并带来生活方式的改变。从社会学的角度来看，人的生存状态与人的生活方式实际上是统一存在的，生活方式是人实现自身的形式。

（二）美学视域下的可持续设计

对于可持续设计和美学的关系，曼兹尼是这样描述的：美学为可持续发展赋予形式。他认为每个时代都有其伦理观和美学观，美学表现了一个历史时期及其价值观赋形的方式。在 20 世纪初，设计在给现代主义的赋形中扮演了重要角色；而当前，一个可持续设计的社会还未被赋形，而可持续发展的美学还没有产生。美学的论题需要被严肃讨论，因为当前美学的维度常常被认为是次要的，在设计领域，也被认为是产品成型之后附加上去的。这给人们留下了伦理和美学之间的矛盾印象：前者是严肃的，后者是轻薄的。而实际上，美学和伦理是紧密相关的，真正的、深刻的美学复兴只能在一定的价值体系之上生发。而在当前的过渡阶段，美学维度是改变的基础因素，就引导个体多元化选择的层面而言，美学是一种社会吸引力。直到今天，我们可以断言可持续发展的社会价值观极需要一种可持续发展的美学。目前国内还没有从美学视角来探索可持续设计的相关论述，所以以此切入是十分必要的。

1. 美学介入来实现可持续设计的必要性

面对当前社会海量的、不断更新的信息，飞速的变化节奏，人们希望迅速对其反应归类，贴上标签，以获得一种概念安全感。但是对象一旦被归类、标签化、概念化，也就面临着被暴力简化的可能，这就导致一边是逻辑理性可控制的分类概念世界，另一边是饱满真实、活生生的生活世界。不但对象如此，连自我也由于标签化而分割为异己和真实的自己。曼兹尼教授认为最根本的可持续发展策略是重构幸福观念，倡导可持续的生活方式。可持续的幸福观和生活方式的重构首先需要的是对已有观念的解构，美学正好对人们可持续的幸福观和生活方式有着重要的解构和构建作用。康德在描述美的时候用了一系列相互矛盾的词语，如无利害而令人愉快、无概念而普遍可传达、无目的又合目的等，这是因为我们在判断事物是否为美时，不涉及任何概念，所以从这个意义上来说，审美具有一种解构的力量，它能解构我们从概念到事物的认知习惯。审美虽不依据概念，却具有一种内在于人与世界的、共有的普遍性，它启示了人类的各种文化形式，是人类文明的基石，为人类理解概念准备好了必要的基础。彭锋认为康德在这里所表达的就是审美的这种解构和建构并存的力量。审美一方面解构了我们习惯的概念思维方式，解构了我们透过概念来理解事物的习惯，另一方面又为新的概念的诞生准备好了基础，为我们准备好了理解事物的新概念。审美就处于这种解构和建构的张力之中。

首先，美学是新幸福观建立的基础。个人的幸福观很大程度上由个人决定，而群体的幸福观则需要由公民群体来确立和维持，当前占主流的以产品为基础的、不可持续的幸福观是在社会中长期形成的。在工业社会拉开序幕的时候，科学和技术的急速增长向人们展现了一场迄今为止都难以估计的可能性，人们可以借助各种工具来延伸自己四肢的力量，减少体能的消耗，获得更多的空余时间。曼兹尼认为当前以物的占有为中心的幸福观在工业革命之初，其原动力实际上是对公平的物质占有的承诺、对民主的承诺。人类自古以来无数次谈到了贪婪与节制，但是在工业革命开始至今，过度的物欲都戴上了民主、自由、道德、公平和权力的面罩，比以往任何时候都更加潜移默化地渗透进人们的思想，成为人们判断的准则，成为人们最平常、最自然的期待。美学在这里能做什么呢？阿多诺进一步扩大了审美经验的解构力量，他将审美理解为他所主张的非同一性思维的代表，认为审美能够刺透启蒙理性的同一性思维为世界编织的概念外壳，直接深入真正的客观事物，接触到事物本身。文明的人不仅需要肉体的温饱，而且需要精神的慰藉，精神慰藉的最终指向便是一种终极关怀。人类的终极关怀主要有三种形式：哲学、宗教及艺术承诺。随着人类文明的发展，哲学的本体论和宗教的形而上学都面临着挑战，在这种情况下，审美承担起了为人类提供终极关怀的历史使命，早在 20 世纪初蔡元培就提出“以美育代宗教”，因为“审美也是一种终极关怀”。审美这种终极关怀并不是要给多样的现实世界提供某种统一的存在本体，也不是要给有限的个体生命寻找某种无限的灵魂归宿，而是要给异化的现实人生呈现某种审美的情感慰藉。说到美学，会给人一种很思辨的、艰深的感觉，而在当代美学家眼里，美学讨论的都是人生经验，本身并不难懂，只要我们设身处地就能够体验到，觉得难懂多半是因为我们误解了美学。美学的最高目的，不是给人一堆抽象的知识，而是引导人们参与实际的审美体验。这种被还原到本然境界的审美人生，就是我们苦苦追求的美好生活，也是人生的最高境界。人类美好的生活只有在具体的生存体验中才能够真正实现，美学强调审美体验，强调在生活之中而非到生活之外去寻找意义。可持续的生活方式应该是幸福的生活方式，美学是大众应该采取的美好生活的策略。

其次，美学是可持续生活方式选择内在的引导。可持续设计和可持续生活方式构建的过程需要每一个个体的能动参与，人人都可以用自己的生活做试验，展现可持续生活方式的各种可能性。在这之中，技术性或者法律性的规定是外部的必要约束，而要使可持续的消费观和生活观真正发挥更大的作用，却需要其从每个人的内心中自由生发。而当前可持续发展的社会观和可持续发展的美学尚未形成。美学纬度成为改变的基本因素，它从引导个体多元化选择的层面上说，已成为一种社会吸引力。可持续的生活方式和幸福观到现在还没有明确的答案，而构建一种更高质量的生活方式，则需要让人们自愿参与、积极投入，因而美的作用甚至超过了善。

再次，可持续设计需要设计美学的重新赋形，此处的重新赋形与心理学的概念“transform”相对应，指大脑似具有一定形状的容器，其差异决定了人对相同信息不同的解读和判断。设计美学着重于对作品外在的赋形，可持续设计需要设计师尊重客观规律，重视跨学科合作，强调对形式和策略的系统设计。内在的形关乎人们认知方式和价值导向的容纳，审美介入可持续设计，以美的吸引力，从人人都有的情感体验入手，引导人们参与可持续生活方式中的审美体验，以情感体验促进对新幸福观、可持续设计和生活方式的认知，再推进个人行为选择向可持续靠近，以此形成认知－情感－行为的良性循环。这可以从行为心理学中找到例证，英国人格心理学家米切尔认为，我们复杂的认知－情感系统与个体遭遇的事件发生交互作用，并最终决定了我们的行为，认知－情感单元被认为是构成我们人格中核心元素的心理表象。之后行为主义心理学家华生把行为加入其中，最后形成了认知－情感－行为这一模式。

最后，美学是对判断力的研究，起着沟通认识论与伦理学的桥梁作用。在时间上，《判断力批判》虽然是最晚写出的，但是探讨的却是基础，即人与自然遭遇时那个被直接给予的经验，我们的理论知识和实践行为都建立在这个基础经验之上。这个直接被给予的、原初的经验就是反思判断力的领域，也就是审美的领域。

2. 美与善：美是道德的象征

从更宽泛的角度来看，美学在现代社会中，从对工具理性和人性的平衡，到对环境、生态的珍惜和爱护等都有重要的作用。但也有人对美学实质性的伦理和社会维度抱以怀疑的态度，甚至认为“美”有逃离社会现实之嫌。一些批评家将生活艺术误解为一种审美主义的纯粹个人之事，缺乏实质性的伦理和社会维度。审美与道德的关系错综复杂，可持续问题一般被认为是关于伦理学的问题，但笔者更倾向于从美学的角度来分析，因为很多人类共同的追求，光靠道德本身是无法达到的，甚至有学者认为道德的理想国往往会走向专制和独裁。以舒斯特曼为代表的后现代主义的实用主义美学则强调有生命的经验，认为审美化是一种更积极的生活方式，与伦理和公众生活紧密相关。彭锋教授也认为审美与道德之间存在深层次的关联，审美有助于培养我们的敏感，这种敏感是构成我们道德意识的重要部分。审美旨在以一种更加积极的、充满活力的方式进行生活，这种方式与伦理和公众生活紧密相关，是对伦理学与美学之间深层的、整合的关系的重新认可，西方现代性以其区分逻辑，通过将伦理与审美对照，甚至常常对立起来，而模糊了这种关系。审美与道德，即美与善，在人类文明之初是纠缠在一起、分不开的。从古希腊语到古汉语，美与善相互解释的现象表明美、善之间没有严格地区分开来，苏格拉底的美在适用学说也在西方美学史上影响广泛。而将美从善中分离出来，通常被认为是审美意识觉醒的标志，是美学思想的萌芽。美的独立价值直到 19 世纪才逐渐盖过文以载道的说教。当代美学家既反对将道德价值视为审美评价的唯一标准，又反对将道德价值完全排除在审美评价之外，而是力图从一个更加深入的层面上去发掘美与善、艺术与道德的关联。康德有一个命题是“美是道德的象征”，彭锋教授解释为审美批判和道德批判具有类比关系。例如，我们常常将对事物进行道德评判所用的名称来称呼美的事物，因为美的事物所引起的感觉和道德判断所引起的心情有类似之处。正因为有了这种类似之处，有偶然的、需要感性刺激的审美判断，就有可能逐渐养成一种习惯的、无须感性刺激的道德评判。审美经验和道德实践之间，有一种深刻的关系（不是内容与形式的关系），回到根部，可以分为两个方面：一方面，是审美经验和道德经验在经验性质上具有相似性；另一方面，是审美经验作为人类原初的经验形式，是一切人类文化赖以生长的根基。

可持续策略中基础的一点就是减少对能源消耗的生活方式是人类最后的选择。其实西方历史上并不缺少这样提倡减少的文化，如最少生存需求和反消费运动，但是曼兹尼指出三者的差别在于，前两种运动产生的动因主要是伦理的原则，为了分别反对处于初期和成熟期的生产和消费发展模式。但是从设计的角度来看问题，关键并不在于激起人们基于环境伦理的认同感，这些当然也很重要，但是就设计师的社会角色来说，不是去强调问题本身，而是更急需面对现在的问题，提出更好的供人们选择的解决方案，或者说可以使人们获得更高社会和生活品质的机会。

二、可持续设计美学观念的价值

可持续问题是全球共同面临的问题，在解决这个问题上，我们需要一个根本性的跨文化、跨人类的维度，跨文化美学或跨人类美学是近来美学领域的热门话题，因为不管人类在文化习惯上的差异多大，在美的问题上却总是能够表现出惊人的一致。本部分继续寻找可持续设计思想本土的、传统的美学土壤，同时也寻求更成系统的西方美学的滋养和灌溉。可持续设计是从更加系统宏观的角度来看待问题和解决问题，美学也是从人类心里最原初的感受出发。当前美学的发展也是社会思潮在美学学科上的反映，当代西方美学的变化——实用主义美学的回归恰恰提供了这样一个引导个体价值观与观看方式变化的基础。佩茨沃德认为当代美学的三个主要分支领域为：艺术哲学、环境美学、日常生活审美化，笔者也从这三个分支探讨可持续设计美学分别在艺术、生活、环境中的体现。

（一）可持续设计美学观念在艺术中

美学在很长一段时间里的研究对象被限定为艺术，美学作为哲学的一个分支学科，被看作是研究艺术的哲学。鲍姆嘉通正式成立了感性认识科学这一门美学学科，而在康德之后，美学没有朝着这一方向继续前进，而是被限制在艺术的领域里。这里谢林和黑格尔起到了重要的作用，从谢林开始，他将自己关于美学的主要著作冠名为《艺术哲学》，美学就几乎只关心艺术作品，中断了对“自然美”的任何系统研究，而康德的《判断力批判》曾引发了一些敏锐的研究。黑格尔虽然给自己的演讲仍然冠名为美学，但是这仅仅是习惯用法，黑格尔的美学里将自然放在一个很低的位置，可以肯定地说，艺术高于自然。因为艺术美是由心灵产生和再生的美，所以心灵和它的产品比自然和它的现象高多少，艺术美也就比自然美高多少。在他看来，心灵涵盖一切，只有心灵才是真实的，自然美只是心灵美的反映。现在来看，谢林、黑格尔对自然美的忽视是启蒙理性不断膨胀的结果，自然成为完全为人类控制和改造的对象，任何对自然的崇尚都变得不合时宜，在这些启蒙思想家看来，最值得颂扬的是人、人的理性或精神。在阿多诺看来，启蒙理性是一种工具理性，它以同一性的概念为特征，通过将概念从它所描述的对象中抽象出来而宣称认识获得了完全独立自主的地位，阿多诺用神话做类比，认为理性和神话一样，都是为了获得对自然的控制以便满足人类的需要和愿望，它们都将每个事件解释为一种特定的规范或规律的重复，通过给予自然世界一种可解释的秩序而抗击对自然的恐惧，它们的目标是一样的，有区别的是控制方式和程度，神话是幻想式的观念控制，而理性则是实际控制。阿多诺认为自然不是一种语言，不是一套记号或者符号体系，不是一本书，这是自然保存着事物的非同一性的原因，因为自然不服从同一性的理解，自然美具有不确定性。

彭锋教授认为在这个时代，艺术在维持人类存在的这个至关紧要的问题上发挥着越来越重要的作用。而正是在高喊艺术终结的时代，艺术却获得了更强大的生命力，强大的生命力正是体现在日常生活和科学技术紧密结合的设计艺术中。这里笔者试图探索的也正是另外一条路。由于20世纪艺术的“反艺术”化发展，它已失去了引导美的作用，围绕生活的设计和设计产品在当前承担了重要的审美教育功能。这也是本部分可持续设计美学的第一种观点：可持续设计美学观念是在生活、设计中实现的，不仅仅是形而上的玄思。可持续设计需要美学来引导，促进可持续设计观念的推广。同时，美学要从象牙塔走向大众，实现美育，成为人们的基本生存策略，可持续设计是一条途径。可以说，我们更需要美学与可持续设计合作，两者互为补充和支持。

（二）可持续美学观念在生活中

日常生活美学主要是指对由非艺术对象和事件产生的审美经验的美学研究，它建立在破除美的艺术与通俗艺术、艺术与手工艺、审美经验和非审美经验的一系列区分的基础上。事实上，艺术和审美与日常生活之间存在密切的关系。特别是在现代美学理论和现代艺术体制确立之前，艺术和审美本身就处在日常生活之中，根本就不存在二者分离的问题。即使在现代美学理论和现代艺术体制确立之后，那种纯粹的艺术和审美经验是否存在，仍是一个值得讨论的问题。

特别是今天的社会已经变得柔软、虚拟和可塑。从消费的角度来看，使用价值是“实”，可将产品本身看成“硬件”，符号价值是“虚”，产品的外观、商标、理念等可被看作“软件”。而在当今的经济生活中，产品的符号价值已经超过了使用价值，成为人们消费的主导价值，“虚”超过“实”已是一个不争的事实。还有从社会现实、科学技术以及哲学等角度出发的一系列现象都表明我们今天所处的社会已变得越来越柔软和虚拟了。这也是被当代美学家概括的由科技为主导的现代化向艺术为主导的审美化的转变。社会现代化向审美化的转向，即日常生活的审美化。依照经典哲学，审美化应该局限在艺术领域，而日常生活的审美化，意味着审美超越艺术领域的界限而走进认识论和伦理学的领域。

一般认为，今天的日常生活美学主要是受到杜威的实用主义美学的激发，在杜威的美学中，艺术与日常事物，审美经验与日常经验之间存在着自然的过渡，而不是根本的区别。他将现代美学理论、艺术体制和从日常生活中孤立出来的艺术作品和审美经验，重新放回到饱满的日常生活之中。在今天，美学不再是少数知识精英所盘踞的象牙塔，而成为或应成为普罗大众的生存策略。审美是在显现的途中，是对象在显现为某种适合概念描述的知识或外观而尚未成为确定的知识或外观时的状态。审美经验是一种自由开放的状态，是在无任何确定身份而又有可能获得任何身份时的逗留。当在哲学层次上，美学家在针对美是否是审美的问题上争论不休的时候，在设计的层面，设计师对美、对日常生活进行审美化改造却都有一个十分明确的看法，在这里美是可以量化乃至被操控的。设计师通过各种调查、测验和数据统计，可以获得美的标准，再以此为标准设计，产出符合美的标准的产品。而这种美实为“平均美”，是覆盖在外的、表皮上薄薄一层的审美，类似于生活语言中的“漂亮”，而非美学意义上的“美”。综上所述，美学意义上的美或审美对象是不能被抽象成标准的，它是每个个体事物直接呈现出来的活泼的状态。

设计师设计出符合美的标准的产品，构成了今天社会审美化的外观，这种平均美不需要欣赏者任何主动的努力，并且极具侵略性，它会主动向消费者进攻。在平均美的攻势下，人们逐渐丧失自己的审美判断力，开始随波逐流，正是在这种意义上，我们说平均美扼杀了我们的审美感悟力。人们在贴满美的标签的商品中寻找着“美好的幸福”，同时实行对资源的掠夺和对环境的破坏。但是，美学意义上的深层的美或者审美对象是不能被抽象为标准的，它只是每个个体事物直接呈现出的活泼的状态。真正的美需要我们投入身体上的或者智力上的精力才能去欣赏，平均美却反过来追逐我们，让我们来消费它，使得消费者被动而无须投入更多积极的努力，因此，如果说真正的美能够激发个人的审美感悟力，那么平均美就会扼杀我们的审美感悟力。这是因为其没有真正考虑作为个体的人的审美欲求，由此消费者的欲望在不断地被创造和满足的同时，也被规范、定位，乃至消费者最终迷失自身的真实需求。摆脱“平均美”的追逐需要个体的审美敏感和个性，需要从中西方的美学中获得滋养。美学的教育、美的感受力可以从设计中获得训练，这也是笔者的初衷，即可持续设计需要美学的解构与重构，引导可持续的生活方式和幸福观，审美的敏感也需要设计的介入，从“人人都是设计师”的构想中达成美育。这里是可持续设计美学观念的第二种观点：设计既是美学走向生活的阻碍，也是契机。可持续设计的美不是标准化的、无限供应的美，而是需要用户主动介入和努力的美。

将哲学作为一种生活艺术来实践，不仅是源于哲学的传统习惯，还是源于哲学的内在要求。哲学的目的，用胡塞尔的话来说，是为了回到事物本身。但是如果将哲学理解为一种纯粹的理论思辨，它就无法实现自身的目的。因为任何在思想中，严格说来在反思中的事物，都不是事物本身，都是对事物的再现，而不是事物的显现。现象学对原初性、自明性和事物本身的追求，最终必然将哲学由抽象思考引向生活艺术，因为只有在生活经验中而不是在抽象思考中，我们才能接近事物本身，我们的生活在原初的意义上是审美构成的，审美经验是我们原初的生活经验。由此，我们可以说，所谓的事物本身，是事物在我们原初的审美经验中所呈现的样子，实现哲学目的的最好方法，就是保持审美或艺术的生存。在此，可持续设计美学观念的第三种观点是：以幸福为目的的哲学本质上是一种生活形式，而非谈论或者思辨形式，实现哲学目的最好的方法是保持审美或艺术的生存和生活。可持续设计需要以可持续的生活方式和幸福观来引导，实现可持续的最好方式是保持审美的生活。

（三）可持续设计美学观念在环境中

曼兹尼教授认为造成可持续问题的一个重要原因是人们对主流经济范畴之外的如公共产品和资源环境等的忽视，而在学术界，一度沦为边缘的自然美已经重新回到了美学讨论的中心。从20世纪后半叶开始，一些西方美学家已经在着力建构环境美学，在环境美学中，最核心的问题还是自然美的问题。当代的美学家认为自然具有全面的、肯定的美学价值，卡尔松的肯定美学就抱有自然全美的观点。而这种主张最早可以追溯到古希腊的自然观念，比如：在毕达哥拉斯看来，宇宙本身就是最完美的“天体音乐”；赫拉克利特的名言——按照自然行事；还有古希腊的“模仿说”。虽然自然全美的观念自文艺复兴以来遭到机械的自然观念的冲击和瓦解，我们仍然能够看到19世纪的英国浪漫文学艺术中存在着普遍的自然全美的情绪，在当代环境改革运动者中也普遍存在着自然全美的观点。

启蒙时期以来的人类中心主义使人的自我无限膨胀，自然美处于边缘或被遗忘的境地，艺术成为美学唯一的关注对象。当前环境重新回到美学讨论的中心，而关于环境的审美模式或者观看模式，也引起了介入模式和分离模式的激烈争论。现代美学对环境的观看采取的是分离模式下的“旁观者”、对象化的视角，参照的是艺术的审美样式，即我们观看雕塑或者绘画的方式，而当代美学强调修正对象化的观看方式，以介入的方式来观看。艺术和审美不再满足于自我陶醉，而强调对社会的介入。彭锋强调，要消除二元的认识模式，并需要内在者的承受和外在者的观看运动起来，让它们进入相互交织的动态过程。审美的一个重要目的就是训练我们的身心进行自由切换，培养我们用内外交织或交叠的方式来观察世界，从而突破根深蒂固的对象化的观看方式。对象化的观看方式不仅会曲解自然，而且会曲解文化，从而引起生态危机和文化冲突。要摆脱生态危机和文化冲突，就需要培养起另一种观看世界的方式，一种非对象化的方式，也是一种内外交织的、寓居的观看方式。

这样的观看方式不仅适用于自然环境、文化环境，还有对人生的观照。心理学家也把自由转换视角的能力视为心理成熟的标志。这是既沉浸于此时此刻、“活在当下”的能力；也是能够随自己意愿后退一步，推远镜头，从另一个时间和空间来看待问题的能力。香港中文大学的教授周保松指出，生命中有两重根本的张力：第一重是两种观照人生的方式带来的张力；第二重是生命的差异和平等导致的张力。第一重张力，影响我们如何好好地活着；第二重张力，影响我们如何好好地活在一起。从个体主观的角度出发，个体似乎是宇宙的中心，“我”的生命就是一切，个体生命完结，世界也就跟着完结了；但从客观的角度来看，“我”又只是万千生命中的一个，个体的生命结束，世界仍然一点儿没变地存在着。于是，意义问题和对自我存在的思考始终困扰着我们。但事实上，我们真实经历了属于自己的春夏秋冬，见证自己容颜的变迁，并用自己的眼睛和心灵，体会生命赋予的一切。这份体会，是别人夺不走也替代不了的。这份体会、感受和体验就是审美体验，这就是审美的作用，它能够缓解生命的第一重压力，在生命存在的有限时间里面无须用物质来填满空间。而第二重压力在于自我与他者之间的差异与竞争。地球上资源有限，人人都向世界索要、相互争夺，种种压迫、宰制、异化由此而生。这重张力也不是不可调和的，每个人自由地活出自己的生命情调和个性，同时又彼此关顾，公正地活在一起，这涉及一个概念——“共生”。在儒家的忠恕观念中，有一种自我独立必然要求尊重他人的思想，每个事物成为每个事物本身的同时又能欣赏与自身不同的事物。

这是可持续设计美学观念的第四种观点：美学可以舒缓人生的两重张力，人不需要空间实物的占有来证明自己的存在，在时间中的体验能够带来意义和价值；自我与他者既不是竞争的关系，也不是都来争抢有限的资源，人和人可以“共生”，人们不是相互依赖或相互隔绝的原子，而是不远不近、相互支撑的存在。

三、可持续设计美学观念在方法论上的体现

回到实现可持续发展和设计的行动上来，可持续设计是一种致力于构思和发展可持续策略的战略设计活动，可持续的产品和服务系统能够使人们在

大大减少资源消耗的同时提高生活质量。如果说仅提高科技效能，通过对现存事物的再设计而不改变生活方式的环境政策是“战术性”的，那么包括生活方式改变的一种全新的消费模式和社会文化创新就是“战略性”的。在此，曼兹尼将最少生存需求和最高生活品质联系在一起，最少和最多之间的张力需要可持续战略来找到出口，而要使最少生存需要得到人们的认可，只能通过新的文化和价值判断的土壤。综前所述，美学维度是社会文化创新和改变的基本元素，其向可持续的过渡是一个社会性的学习过程，除了上文美学维度的重新考量，在这里，设计师、用户、企业等都需要重新看待自己在可持续社会中的角色。

（一）可持续设计美学观念是社会创新的基本元素

社会创新被杨氏基金定义为“创新活动与服务，其目的主要是满足某种社会需求，并主要由社会性组织进行发展和传播，而这个组织的首要目的是社会性的”。社会创新是目前实现幸福观念和生活方式转变的一个途径。创新的方式主要体现在行为方式的变化胜于技术性的变化，其基本组织和行动方式是自下而上胜于自上而下，培养参与意识、公民意识和积极的幸福观。这是一个较新的研究领域，近年来在中西方同时起步，尚需要大量的探索工作。2008 年 2 月，当时的美国总统奥巴马宣布将在白宫设立新的社会创新办公室。过去的十几年中，英国、丹麦、意大利、澳大利亚、新西兰、西班牙、韩国等纷纷从政府层面采取了措施，这些行动正在推动社会创新从边缘到主流的转化，中国无疑将以其特定的经济、社会和历史背景成为社会创新最大的试验和实践基地。

曼兹尼教授认为，面对当前的危机和问题，我们需要一个更加积极的解决策略。系统性变化是综合性的转变，通常包含技术和社会两个层面。在一些案例中，变革主要是由技术来驱动的，新技术性的潜力往往也会顺利得到分析及投资。在工业化进程中，人们往往侧重于技术创新，而系统性的技术创新要求同等深入的社会创新，涉及人们生活、经济运行以及政府管理的方方面面。设计在推动这一创新的过程中能够扮演一个基础性的角色，也将迎来新一轮的机遇。当前我们需要看到技术创新不是变革的唯一动力，社会层面的变革也能够主导系统性变化，创新性的解决方案被参与的人酝酿并实施，这使得他们能够直接利用其个人的能力从对问题的认识角度出发。

社会创新是一个变化的过程，其间的新思想来自直接与问题相关的各个角色：终端用户、基层技术人员和企业家、当地组织和公民社会机构。社会创新一直都存在并在不断扩大，对其进行研究十分重要。历史证明，当两个条件满足时，社会创新会更加活跃：一是面临问题的时候；二是新科学技术的普及打开新的可能性的时候。当前我们面临着各种社会问题，如地球的有限资源需要减少能源消耗等，还有已经普及的电脑、网络和手机，这些科技产品虽然已经成为人们生活的一部分，但是新科技的潜力还有待发掘。反观现实，社会创新的潜力被大大地低估了，并尚待开发，因此目前可持续设计的一个重要问题就是如何推动社会创新，社会创新主要体现在个体参与和行为方式的变化，也是在这样的角色承担中，可持续设计美学观念得以践行。

（二）设计师提供改变的机会

虽然工业革命以来理想主义的设计师抱着积极的伦理动机，但是客观结果却是设计师群体成为当前不可持续以及不可持续的幸福观的介质和动因。工业社会开始，科学和技术向越来越多的人展现了无限的可能，过去只有少数贵族才能够享受的设备和服务，现在却成为普通大众触手可及的东西，加之大工业生产使这些产品的价格降低，效率提高的工业生产体系使产品的获取更加民主化，这一切向人们描绘了一幅关于未来的图景，即这些产品所带来的无限的幸福。与此同时，这也是设计师好的和正确的行动标准和主要伦理原则，即设计高效的、可获取的、漂亮的产品来促进个人的自由以及消费的民主。以物质商品占有为基础的幸福观起源于对个人自由和消费民主的许诺，但这是不可能实现的，扩大到全世界来看，这是一个本质上不可持续的观点。这样的幸福观为了实现所谓的基本平等原则，在我们唯一的、人口密度已然很大的地球上，在人们的头脑中建立起不可持续的期许。而实际上，要是地球的所有居民都追求这样的幸福观，那么结果只能是灾难性的。设计师在这样的幸福观形成中扮演了重要的角色，设计师构想并设计产品、服务和生活方式，也因此设计师在人们对幸福形成正确的期许中也承担着重要的责任。迄今为止，这样的不可持续的幸福观还占据着主流，设计师的工作在总体上仍然还在巩固和扩散这样的幸福观。

对于设计师来说，推动和支持可持续社会的变化不是一种义务，而是一种选择。目前国内设计师需要应对的最大挑战是：将被称为世界工厂的“中国制造”转变为“中国设计和制造”，将他们的主要技能由解决问题转变为发现问题；将他们的主要工作由技术层面转到生产和消费系统的文化及管理层面。而迅速扩大的中国设计界看起来更像是问题的一部分，而不是问题的解决者。也就是说，如果没有任何改变，那么这些新的设计力量将会大大推动目前不可持续的增长模式，而不是推动其朝着可持续性的系统化变革发展。

但从另外一方面看，环保理念已经深入设计院校和其他设计机构，它起始于生命周期设计（经常被称为绿色设计），之后是更复杂的产品服务体系，并走向为社会创新和可持续设计这一更富有创新性的领域。设计当然不能改变世界，也不能设计生活方式。它不能把自己的意图强加给人们。但是设计可以赋予一个正在改变的世界以形式，并为新的行为方式提供机遇。在这里，“赋予形式”是指在一个更大的文化语境中，设计活动可以使社会中微弱的新需求或行为被人们所了解，通过设计来推广可持续性的标准和理念，还可以在整体层面通过场景设计来赋予可持续发展社会以形式。“提供机遇或给予机会”意味着设计在本领域内的直接介入，它可以设计出产品和服务来使创新或者某种可能性成为现实，而这些新的产品服务系统又为人们生活中新的行为和生活方式（与新的生活质量的概念相契合）的发生提供机会。在这些领域里，设计能够扮演重要角色，虽然这也在某种程度上标明了设计行为的限制和边界，但它们也正是设计的可能性和职责所在。实现可持续的社会，不是通过指令性或强加于人的方式，而是通过人们的理解和判断成为其自由选择的结果，这也是当前的发展模式可能出现的结果中最好的一种。

这样的设计活动需要设计师的角色、使用工具和知识的转变。设计师的角色不再是跨学科设计过程中唯一具有创造力的成员，而是许多非专业成员中的专业设计师。也就是说，在新设计网络新的协作设计过程中，设计师是其中的专业人员。在这个过程中，设计师将在一个被社会学称为“人人都是设计师”的社会，与各个领域的人对话、交流和合作，设计师作为一个专业设计者，可与其进行伙伴间的合作。从更大范围来讲，设计师需要考虑他们在一个新的设计网络中的角色，这个社群里有个人、企业、非营利机构、本地的和国际的机构组织，利用他们的创意和进取心向可持续迈出坚实的一步。

有两种设计工具在酝酿和推动协作设计过程中以及设计可行性方案时扮演了中心角色：一是酝酿和发展方案及交互过程的质量，也就是服务设计；二是推动和支持不同成员间的伙伴关系，也就是战略设计。这就是说，社会创新需要战略及服务设计工具，社会创新极大地依赖于这两个新型设计学科，依赖于战略设计和服务设计在设计界内外的发展和巩固。目前，为社会创新的设计活跃于不同的领域，不过由于多方面的原因，它的影响力远远低于其理论上的可能性。这些原因包括两个方面。一方面，社会创新的确切概念在设计界之内和之外都尚未得到广泛认识。因此，社会创新的成功案例仍不为人所知，它们在社会变革以及新型商业机会方面的潜力被大大低估。另一方面，作为社会创新设计的核心，服务设计和战略设计仍处于初始阶段，它们自身在设计界之内和之外亦未被广泛认识。其结果就是，目前被运用于这个领域内的相应的设计工具仍然不够有力，或者没有得到充分认识。

设计师需要考虑的是如何使最低的生活需求通过具有吸引力的方案提出来，供人们在各种可能性和选项中自由选择。而要使方案具有吸引力，就不能表现出剥夺的意味，不要求人们像战时一样，限定性地使用更少的资源和产品，同样也不能使用过去对生活品质的评价标准来判断新的解决方案。因此要使更少的物质获取为人们所接受，甚至具有吸引力，只有在新的文化场景中才有可能出现。

徐贲认为，历史上许多由国家权力主导的对“幸福”的政治狂躁追求，结果都是灾难性的。今天，要造就一种能够持续有效的幸福观和生活观，还要从建立好的公共生活价值观开始。好的公共生活不是由“圣贤”或精英包办设计好了，再让民众照此执行的，而是由千千万万普通民众在自我治理中逐渐形成、修改和完善的。社会创新特别是基层社会创新对公民能动性的培养以及建立公民社会都是至关重要的，这样的社会创新需要的是每一个人的参与，因为人人都是设计师。

第四节　基于无用理念的可持续设计研究

一、无用理念

无用理念来源于“一堆垃圾”主题设计展，其主张设计要在社会、经济、商业等方面创造价值。无用理念包括少一点儿资源和金钱，多一点儿创意和价值，等等，希望利用多和少的相对关系对资源进行设计转化。其本名取自《庄子·人间世》中的“人皆知有用之用，而莫知无用之用也”。此中蕴含了道家天人合一的哲学思想和与自然和谐共处的造物观点，教会人们要寻找事物的隐性方面，将合适的使用方式、场合、对象合理转化，便可发挥其巨大的价值。

二、基于无用理念的可持续设计意义

（一）关注人们的情感需求

基于无用理念的可持续设计注重人的情感诉求。一是在设计过程中通过增加产品的心理寿命来延续情感。物品虽老化残破但承载了人们的记忆，已成为人们情感寄托的载体。载体和用户之间产生的共鸣体验即与可持续设计提倡的将人、社会、自然共同发展纳入设计范畴的目的相吻合。二是鼓励人们在情感反思中购买绿色可持续产品，为生态环保做贡献。从重视人们的精神需求出发，令设计更具质感和人情味，感化人心，促使人们身体力行地加入减少浪费、持续利用的生活。

（二）拓展设计的自由度

基于无用理念的可持续设计遵循从无到有、无中生有的设计过程，以变通的角度去思考设计形式及服务系统，丰富了可持续设计的表现手法。首先，其认为任何事物在不同阶段都有与众不同的形式美感和珍贵价值，提倡将富有趣味性的构思注入看似无用的事物之中，利用物品固有的肌理和造型特征来探索设计思路，以因物制宜的方式进行设计发散。其次，基于无用理念的可持续设计引导人们发现生活中被忽视的材料、结构及功能，通过设计改造，令资源以出人意料的方式和样貌重新应用，为当代的可持续设计提供了极其自由的生长空间。此类可持续设计的血脉中拥有关爱自然、尊重技艺等不可复制的优势，也满足了后工业化时代人们追求个性体验的审美情趣和绿色环保的市场需求。

（三）增加产品的附加值

基于无用理念的可持续设计即利用巧思来优化资源，通过回收再设计等方式提高产品的附加值和生命力，令有限的资源创造出无限的价值。一方面，鼓励设计师在创作时考虑全局，从材料的选择到使用都采用可回收、可再生、可分解的资源，减少使用过程中不必要的材料和能源消耗，践行绿色环保理念的同时为社会带来经济利益，营造健康的生态环境。另一方面，设计师应从材料本身的可持续性出发，结合社会现状和人们的生活习惯进行设计构思，通过复活资源的形式，以现代科技为辅助来改变设计结构、优化功能和丰富载体的多样性，以充满趣味性的动态体验延长产品生命周期，令其包含人文关怀的同时形成循环发展的多赢格局。

三、基于无用理念的可持续设计方法

（一）另为他用

基于无用理念的可持续设计从改变产品的功能出发，使原本物品不经改变或稍加改变和修饰转换成新的产品，在环保与设计中架起一道桥梁，实现从无用转有用的变革。可持续设计中的另为他用方法包含了创意设计和系统设计两种方式。方式一为家庭废弃物的创意改造。基于无用理念的可持续设计启发人们以全新视角和变通思维重新定义身边熟悉的物品，结合自我实践能力延长其使用寿命。如墙面收纳通过收集家中的一次性餐盒，将其挖去四分之一，进行改造设计而成。如此一来，一次性餐盒不仅作为家居装饰品提升了生活品位和审美情趣，还能以收纳盒的形式将日常用品进行分类整理，方便生活的同时也防止了一次性餐盒直接焚烧造成的二次污染。以全民参与的方式践行环保，不仅调动了人们的参与积极性，也节约了成本，提高了社会资源的利用效率，实现了可持续设计功能和形式之间的转换。方式二为产品全周期的设计考量，要求设计师在设计过程中采用系统的思维深度考量产品的后续利用及回收路径，使其在完成初始功能后获得二次生命，创造持续的价值。

（二）回收利用

通过对资源进行回收、重组、再利用，以可持续的眼光看待身边的物品，赋予其情感和使用寿命的延续，以达到旧貌换新颜的效果，将回收的资源由无用变巧用。可持续设计中回收利用的方式迎合了新时代下人们的环保心理和追求时尚趣味的生活理念，其中包含了对载体的解构重组设计与内心情感的延续性设计两个方面。一是运用材料的可持续性，根据物品的特性进行构思，将设计变成解决问题的手段，实现因物制宜。如曾经风靡一时的共享单车，因其数量过剩且零部件报废严重，既占用了公共资源，又导致废铁堆积成山的情况发生，最终变为城市垃圾。若对其回收利用并加以改造，或重新投放市场，或使用其零件做艺术品，则其最终又能重回大众的视线。因此，避免资源浪费的同时推动环境的永续发展，此种回收利用的设计不仅保存了材料的质感属性，也赋予了其独特的审美价值。二是延伸情感的可持续性。回收利用不仅实现了产品材料和功能的继续使用，也完成了情感的延续。如针对约 1 400 万件军训服装废弃、闲置的问题，设计师充分发掘其中的材料、功能和风格元素，以回收的废旧军训服装为材料，设计了便携书袋、卡包、置物袋等系列产品，令用户在使用过程中不自觉地联想起学生时代的人事物景，进而产生别样的情感记忆。从人的情感和内心出发去思考再利用的方式，也赋予了产品二次生命。

（三）分解应用

分解应用是以系统思维结合先进技术手段将资源分解后再应用于现代设计中，在合理利用材料的同时通过资源中蕴含的独特艺术、生态及文化价值，带给用户多元化的新鲜体验，使其从心底产生对再生设计的认同感，实现可持续设计的“无用无不用”。其中，分解应用的种类可分为自然资源和工业资源两种。一是利用自然资源创作再生设计。如荷兰楚格设计公司设计的花园椅子，即以现代技术为支撑，充分利用自然界中的干草、落叶与可降解树脂混合制作而成，椅子材料可生物降解，即便破损，它还可以为其余树木花草提供养料，循环利用。同时，其保留了材料本身自然的表面触感和细腻肌理，结合视觉、触觉及嗅觉等多重感受，给人以与自然场景相匹配的温暖、质朴之感，坐于其上仿佛能闻到花草的芳香。春去秋来，落叶归根，这些自然资源在设计师的眼里都是可以变废为宝且可持续利用的环保材料，传递自然关怀的同时拓展了可持续设计的内涵。二是利用工业及生活资源创作再生设计。越来越多的设计师尝试将一些特殊的资源或生物材料通过科学实验创造新的加工工艺，并加以创新，转变成可分解循环的设计系统，实现工业资源及其价值的永续利用。例如，设计师安娜·布勒斯专注于回收人们嚼后吐掉的口香糖，将其分解后，制作成了气泡状垃圾桶，用此垃圾桶回收口香糖并将收集的所有口香糖制作成鞋子、水杯等新产品，形成了口香糖回收应用产业链。利用可持续设计系统间的相互作用，充分联系、梳理和重构产品特性，不仅解决了口香糖需长期降解且难以清理的卫生难题，还以设计改变了人们的行为和生活方式，有效地协调了生态、经济、社会和文化的关系。

基于无用理念的可持续设计是新形势下生态设计及设计美学理论创新性探索及转变的结果，为设计领域的研究拓宽了思路。其强调创新思维，以产业链可持续循环的设计模式来创造正面价值的同时，引导人们学会发现并合理利用身边的宝贵资源，养成良好的绿色消费观。这不仅是一种理念，也是未来的发展趋势，用创意改变生活，在技术辅助下以被赋予情感的新型再生材料来服务社会和大众，让人们在获得物质满足和精神愉悦的同时，为社会的可持续发展贡献力量。

第三章　可持续设计理念融入景观设计的创新路径

第一节　景观设计概述

一、景观与景观设计

（一）景观与景观设计概念

1. 景观

“景观”一词最早出现在欧洲，它被用来描写耶路撒冷的瑰丽景色。大约到了 19 世纪，景观又被引入地理学科。中国辞书对“景观”的定义也反映了这一点，如《辞海》中“景观”“景观图”词条的解释。景观学的定义为“自然地理学的分支。主要研究景观形态、结构及其在地理过程的相互联系，阐明景观发展规律、人类对它的影响及其经济利用的可能性”。由此可见，“景观”这个词被广泛应用于地理学、生态学等许多领域。

在不同的景观研究领域，人们研究的侧重点会有所区别。实际上，景观在英语表达里，由“大地”和“景象”两部分组成。在西方人的视野中，景观由呈现在物质形态的大地之上的空间和物体所形成的景象集成，这些景象有的是没有经过人为加工而自然形成的，如自然的土地、山体、水体、植物、动物以及光线、气候条件等。由自然要素所集成的景象被称为自然景观；另外的景象是人类根据自身的不同需要对土地进行了不同程度的加工、利用后形成的，如农田、水库、道路、村落、城市等，经过人类活动作用于土地之后所集成的景象被称为人工景观。

景观具有空间环境和视觉特征的双重属性。空间环境包括：周围条件（生物圈、地形、气候、植被）、功能（人的活动）、构造（材料、结构）。视觉特征包括：艺术性（构造法则）、感觉性（声、光、味、触）、时间性（四季、昼夜、早晚）、文化内涵（民族、职业）等。

2. 景观学与景观设计

景观学，国际上称为景观建筑学。美国风景园林学的奠基人奥姆斯特德第一个提出景观建筑学的理念，1900年哈佛大学第一个成立景观学专业，奠定了景观学、城市规划、建筑学在设计领域三足鼎立的局面。美国景观设计师协会对景观学有如下定义：综合运用科学和艺术的原则去研究、规划、设计和管理修建环境和自然环境。本专业从业人员将本着管理和保护各类资源的态度，在大地上创造性地运用技术手段以及科学的、文化的和政治的知识来规划安排所有自然与人工的景观要素，使环境满足人们使用、审美、安全和产生愉悦心情的要求。用生态的、生物的方法来观察、模拟，来了解这个景观系统的一门学科称为“景观学”，实际上是用科学方法研究景观系统。

目前，我国对这门学科的定义为：景观设计是关于景观的分析、规划布局、设计、改造、管理、保护和恢复的科学和艺术，以及以协调人类与自然的和谐关系为目标，以环境、生态、地理、农、林、心理、社会等广泛的自然科学和人文艺术学科为基础，以规划设计为核心，面向人类聚居环境创造建设与保护管理的工程应用性学科专业。同时，景观学是一个不断拓展的领域，它既是艺术又是科学，并成了连接科学与艺术、沟通自然与文化的桥梁。

因此，景观设计是一门关于如何安排土地及土地上的物体和空间，来为人类创造安全、高效、健康和舒适的环境的艺术和科学。它是人类社会发展到一定阶段的产物，也是历史悠久的造园活动发展的必然结果。

景观设计的专业内涵有以下几个要点。

①景观设计研究的是为人类创造更健康、更愉悦的室外空间环境。

②景观设计的研究对象是与土地相关的自然景观和人工景观。

③景观设计的研究内容包括对自然景观元素和人工景观元素的改造、规划、设计和管理等。

④景观设计的学科性质是交叉性学科，包括地理学、设计艺术学、社会学、行为心理学、哲学、现象学等范畴。

⑤景观设计的从业人员必须综合利用各学科知识，考虑建筑物与其周围的地形、地貌、道路、种植等环境的关系，必须了解气候、土壤、植物、水体和建筑材料对创造一个自然环境和人工环境融合的景观的影响。

⑥景观设计涉及的领域是广泛的，但并不是万能的，从业人员只能从自己的专业角度对相关项目提出意见和建议。

正如美国景观设计师西蒙兹所说："景观设计师的终生目标和工作就是帮助人类,使人、建筑物、社区、城市以及他们的生活同生活的地球和谐共处。"

景观设计的专业内涵有三个层次的内容。

①景观形态，即景观的外在显现形式，是人们基于视觉感知景观的主要途径。景观形态是由地形、植被、水体、人工构筑物等景观要素构成的。对景观形态的设计就是结合美学规律和审美需求，控制景观要素的外在形态，使之合乎人们的审美标准及行为需求，带给人精神上的愉悦。这是"科学与艺术原理"中的艺术原理。

②景观生态。景观是一个综合的生态系统，存在着各种各样的生态关系，是人们赖以生活的场所。景观生态对于人们的生活品质甚至环境安全都至关重要。人和自然的关系问题不是一个为人类表演的舞台提供一个装饰性背景，或者改善一下肮脏的城市的问题，而是需要把自然作为生命的源泉、社会的环境、诲人的老师、神圣的场所来维护。景观学中景观生态层次就是科学综合地利用土地、水体、动植物、气候等自然资源，使环境整体协调，保持有序的生态平衡。这是"科学与艺术原理"中的科学原理。

③景观文化。景观和文化是密切相关的，这不仅包括景观中积淀的历史文化内涵、艺术审美倾向，还包括人的文化背景、行为心理带来的景观审美需求。基于视觉感知的景观形态绝不仅仅是简单的"看上去很美"，其景观的可行、可看、可居往往与各种文化背景有着广泛的联系。因此，景观要想真正成为人类憩居的理想场所，还必须在文化层面进行深入的思考。

（二）景观设计与相关学科的关系

1. 涉及的相关学科

景观设计涉及的学科内容相当广泛，包括建筑学、城市规划、环境学、地理学、生态学、工程学、社会学、行为心理学等不同学科领域，涵盖了城市建设过程的物质形态和精神文化领域。

具体来说，在景观设计过程中大致涉及以下相关学科和专业。

①基础学科：经济地理学、景观生态学、哲学、美学、艺术学、行为心理学、文学等。

②技术基础学科：景观学、建筑学、城市规划学等。

③专业技术学科：城市设计、建筑设计、园林绿化种植及工程设计、环境设计（包括夜景、广告、街道家具、室外雕塑、壁画等）、城市道路工程、城市防灾、城市市政公用设施工程等。

美国人本主义城市规划理论家凯文·林奇曾经说，你要成为一个真正合格的景观和城市的设计师，必须学完 270 门课。因此，可以说这门学科综合了大量的自然和人文科学。

2. 景观设计与城市规划、建筑学的关系

三者的共同点主要体现在以下几个方面。

①目标是共同的，即以人为本，共同创造宜人的聚居环境（简称“人居环境”）。

②所谓“宜人”，除指物质环境的舒适外，还包含生态健全、回归自然。

③共同致力于土地利用，充分保护自然资源与文化资源。

④共同建立在科学与艺术创造的基础上。

⑤共同寄托于工程学的基础上。

从学术与理论发展来看，景观、建筑、城市规划学科都在拓展，三个学科在拓展的过程中，都有互相融合与变革的一面，但针对某一个专业领域的问题还要具体研究。

景观设计和建筑学、城市规划所涉及的内容、范围和尺度不同。

①建筑学研究的尺度比例为 1 : 500 的具体建筑设计内容。

②城市规划研究的尺度比例为 1∶10 000 ～ 1∶500 的修建性详细规划、控制性详细规划、总体规划、区域规划等内容。

③景观设计研究的尺度比例为 1∶10 000 ～ 1∶500，主要包括以下几项：大尺度 —— 流域、风景区规划；中尺度 —— 城市绿地系统、城市公共空间体系、大型城市公园规划设计；小尺度 —— 广场、街道、庭院、花园、小品设计。

景观设计与建筑学、规划学虽技巧各有天地，但是景观规划所依靠的方法论和大部分相关知识与城市规划基本相通，同时景观设计所依靠的知识、专业技巧与建筑学基本是共通的。它们不同的是，景观设计比建筑更多地使用植物材料和地貌等自然物来组织大小不同的空间结构。因此，景观、城市规划需要建筑学的根底，同时建筑学、城市规划也要求具备景观知识的修养，创造不同尺度的自然与人文景观。

景观设计的内容几乎涉及城市建设过程中的所有阶段，但在实际操作过程中的定位常常被弄错。以我国房地产开发建设为例，通常的程序是：城市规划 – 建筑设计 – 建筑、道路、市政设施施工 – 景观规划设计。其结果是，人与自然的关系在被破坏了以后，希望用景观设计（通常被理解为绿化和美化）来弥合这种关系，但这时场地原有的自然特征也许已经被破坏殆尽，场地整体空间格局已定，市政管线纵横交错，景观设计能做的好像也只有绿化和美化了。然而，景观设计要贯穿于开发建设的始终，从场地选址、场地规划、场地设计到建筑设计等都要有景观设计思想的体现，才能发挥景观设计的最大作用，取得最佳效益。

二、景观设计原理

（一）景观设计空间原理

空间序列组织是关系到景观整体结构和布局的全局性问题。良好的景观空间环境涉及空间尺度、空间围合以及与自然的有机联系等。空间往往通过形状、色彩、光影来反映空间形态，最终表达空间的比例尺度、阴影轮廓、差异对比，以及协调统一韵律结构等，空间的存在也是为了满足功能和视觉需求的。

1. 空间要素

景观空间形态与周围建筑的体形组合、立面所限定的建筑环境、街道与建筑的关系、场地的几何形式与尺度、场地的围合程度与方式、主体建筑物与场地的关系，以及主体标志物与场地的关系、场地的功能等有着密切的关系。

景观的空间要素主要分为基面要素、竖直要素、设施要素三大方面。

①基面要素是指参与构成环境底界面的要素，包括城市道路、步行道、广场、停车场、绿地、水面、池塘等。

②竖直要素是指构成空间围合的要素，如建筑物、连廊、围墙，成行的树木、绿篱、水幕等。

③设施要素是指景观环境中具有各种不同功能的景观设施小品，如提供休息的座椅，提供信息的指示牌、方向标；此外，还有提供通信、照明、管理等服务的各类设施小品。

2. 空间尺度

（1）规划设计尺度

从规划设计的角度，景观设计分为 6 个尺度，即区域尺度（100 km × 100 km）、社区尺度（10 km × 10 km）、邻里尺度（1 000 m × 1 000 m）、场所尺度（100 m × 100 m）、空间尺度（10 m × 10 m）、细部尺度（1 m × 1 m）（《景观设计师便携手册》）。无论项目类型如何，景观设计师都必须具备对所有尺度产生影响的生态、文化和经济过程的基本知识。

（2）社会距离

①亲密距离：0 m ～ 0.45 m，是父母和儿女以及恋人之间的距离，是表达爱抚、体贴、安慰、舒适等强烈感情的距离。

②个体距离：0.45 m ～ 1.3 m，是亲朋好友之间进行各种活动的距离，非常亲近，但又保留个人空间。

③社交距离：1.3 m ～ 3.75 m，是同事之间、一般朋友之间、上下级之间进行日常交流的距离。

④公共距离：3.75 m 以上的距离，适合于演讲、集会、讲课等活动，或彼此毫不相干的人之间的距离。

（3）人体尺度

人体本身的尺度和活动受限于一定的范围。美国有关机构对人的活动空间做过调查，步行是参与景观的重要方式，步行距离根据步行目的、天气状况的不同而不同，大多数人能接受的步行距离是不超过500人在活动时，自己面前的空间能有一个舒适的尺度。不同活动人与人之间的空间距离要求是：公共集会——1.8 m 左右；购物——2.7 m ～ 3.6 m；正常步行——4.5 m ～ 5.4 m；愉快地漫步——10.5 m 以上。

人的视觉尺度也是景观设计重要的参考因素。人类天生的视力状况是：3 m ～ 6 m 是能看清表情、可以进行交谈的距离；12 m 是可以看清面部表情的最大距离；24 m 是可以看清人脸的最大距离；135 m 是可以看清一个人动作的最大距离；1 200 m 是可以看清人轮廓的最大距离。

3. 空间围合

我们以空间的高宽比来描述围合空间程度，一般从 1∶1 到 1∶4，不同比例下会产生不同的视觉效果。其实，景观空间的围合程度反映了从景观空间的中心欣赏周围边界及其建筑的感受程度。空间感、领域感的形成，是精心组织空间和周围环境边界的结果。空间围合有很多种方式。

不同高度的景墙对空间、视线与功能会有不同的作用。在对空间的需求中，人们的生理实用性较容易得到满足。

4. 空间序列

任何艺术形式都具有特有的序列，如文学、音乐、戏剧等。例如，音乐形象是在声音系列运动中呈现出来的，用有组织的音乐形象来表达人的情感，通过对声音有目的的选择和组织，以及对节奏、速度、力度等因素的控制，组成曲式，构成创造音乐形象的物质材料。

景观空间通过其特有的艺术语言，如空间组合、体形、比例、尺度、质感、色调、韵律以及某些象征手法等，构成丰富复杂如乐曲般的体系，体现一种造型的美，形成艺术形象，制造一定的意境，引起人们的联想与共鸣。文学和音乐的序列都可以为景观空间序列所借鉴。景观空间序列由入口空间、主题空间（系列主题）和呼应空间组成。

（二）景观设计视觉原理

视觉是人类对外界最重要的感知方式，人类可以通过视觉获得外界信息。一般认为对于正常人而言，75 % ～ 80 % 的信息是通过视觉获得的，同时 90 % 的行为是由视觉引起的，由此可见，在对景观的认识过程中，视觉比听觉、嗅觉、触觉等发挥着更大的作用。

1. 视距

景观效应的产生取决于观察者和观察对象之间的距离。丹麦建筑师杨·盖尔在《交往与空间》中提到社会性视距（0 m ～ 1 000 m），他提出：在 500 m ～ 1 000 m 的距离内，人们根据背景、光照、移动可以识别人群；在 100 m 可以分辨出具体的个人；在 70 m ～ 100 m 可以确认一个人的年龄、性别和大概的行为动作；在 30 m 能看清面部特征和发型；在 20 m ～ 25 m 大多数人能看清人的表情，在这种情况下，才会使人产生兴趣，才会有社会交流的实现。因此，20 m ～ 25 m 是场所设计的重要尺度。

2. 视野

有良好的视野，同时保证视线不受干扰，才能完整而清晰地看到“景观”。视野是脑袋和眼睛固定时，人眼能观察到的范围。观赏景观时，眼睛在水平方向上能观察到 120° 的范围，清晰范围大约是 45° ；在垂直方向能观察到 130° 的范围，清晰范围也是 45° ，中心点 1.5° 的范围最为清晰。

在景观环境的整体设计中，应主次有别，主要的空间亦可以看见其他为人们的参观、交往提供场所的小环境，同时，为人的活动与行为提供引导。

视角作为被观赏对象的高度与视距之比，其实就是竖向上的视野，对全面整体地欣赏景观意义重大。

3. 视差

人的视觉系统总要用一定时间才能识别图像元素，科学实验证明，人眼在某个视像消失后，仍可使该物像在视网膜上滞留 0.1 s ～ 0.4 s。而一个画面在人脑中形成印象则需要 2 s ～ 3 s。

这个原理可以运用在乘车观赏的沿路景观设计中。若以 60 km/h 的车速行进，每 2 s ～ 3 s 行进 30 m ～ 50 m，这就要求沿路建筑或绿化植物的一个构图单元要超过 50 m 长度才能给人留下印象。事实也是如此，很多城市高速公路连接线两侧的植物景观单元长度都超过 50 m。

同时，景是通过人的眼、耳、鼻、舌、身等多种感觉器官接收的。景的感受不是单一的，往往是多因素综合的结果；同一景色对不同的民族、文化背景、职业、年龄、性别、社会经历、兴趣爱好、即时情绪的人，也会产生不同的感受。视觉意义上的空间，其空间形象、小品、雕塑等会吸引人们的目光，带来某种心理感受。同时环境中奇异的造型、鲜艳的色彩、强烈的光影效果都会吸引人们的注意。

（三）艺术构图法则

构成景观的基本要素是点、线、面、体、质感、色彩，如何组合这些要素，构成秩序空间，创造优美的、高品质的环境，必须遵循美学的一般规律，符合艺术构图法则。

1. 统一与变化

统一与变化是形式美的主要关系。统一意味着部分与部分及整体之间的和谐关系；变化则表明其间的差异。统一应该是整体的，变化应该是在统一的前提下有秩序地变化，变化是局部的。过于统一易使整体单调乏味、缺乏表情，变化过多则易使整体杂乱无章、无法把握。因此，在设计中要把握好统一整体中间变化的“度”。其主要意义是要求在艺术形式的多样变化中，保持其内在的和谐与统一关系，既显示形式美的独特性，又具有艺术的整体性。

2. 节奏与韵律

韵律是由构图中某些要素有规律地连续重复产生的。重复是获得节奏的重要手段，简单的重复单纯、平稳；复杂的、多层面的重复中各种节奏交织在一起，有起伏、动感，构图丰富，但应使各种节奏统一于整体节奏之中。

（1）简单韵律

简单韵律是由一种要素按一种或几种方式重复而产生的连续构图。简单韵律使用过多易使整个气氛单调乏味，有时可在简单重复基础上寻找一些变化。

（2）渐变韵律

渐变韵律是由连续重复的因素按一定规律有秩序地变化形成的，如依次增减长度或宽度，或有规律地变换角度。

（3）交错韵律

交错韵律是一种或几种要素交织、穿插所形成的。

3. 均衡与对称

均衡指景观空间环境各部分之间的相对关系，有对称平衡和不对称平衡两种形式，前者是简单的、静态的；后者随着构成因素的增多而变得复杂、具有动态感。均衡的目的是景观空间环境的完整和安定感。

4. 比例与尺度

比例是使构图中的部分与部分或整体之间产生联系的手段。比例与功能有一定的关系，在自然界或人工环境中，但凡具有良好功能的东西都具有良好的比例关系，例如人体、动物、树木、机械和建筑物。不同比例的形体具有不同的形态感情。

（1）黄金比例

把一条线段分割为两部分，使较长部分与全长之比等于较短部分与较长部分之比。其比值（$\phi \approx 0.618$）称为黄金比例。两边之比等于黄金比例的矩形称为黄金比矩形，它被认为是自古以来最均衡优美的矩形。

（2）整数比

线段之间的比例为2∶3、3∶4、5∶8等整数比例的比称为整数比。由整数比构成的矩形有匀称感、静态感，而由数列组成的复比例如2∶3∶5∶8∶13等构成的平面具有秩序感、动态感。现代设计注重明快、单纯，因而整数比的应用较广泛。

（3）平方根矩形

由包括无理数在内的平方根$\sqrt{n}$（n为正整数）比构成的矩形称为平方根矩形。平方根矩形自古希腊以来一直是设计中重要的比例构成因素。以正方形的对角线做长边可做得$\sqrt{2}$矩形，以$\sqrt{2}$矩形的角线做长边可得到$\sqrt{3}$矩形，依此类推可做得平方根矩形。

（4）勒•柯布西耶模数体系

勒•柯布西耶模数体系是以人体基本尺度为标准建立起来的，它由整数比、黄金比和费波纳齐级数组成。勒•柯布西耶进行这一研究的目的就是更好地理解人体尺度，为建立有秩序的环境设计体系提供一定的理论依据。这对内、外部空间的设计都很有参考价值。

该模数体系将地面到脐部的高度1 130 mm定为单位A，其高为A的ϕ倍（$A\times\phi\approx1130\times1.618\approx1828$ mm），向上举手后指尖到地面的距离为$2A$。将A为单位形成的ϕ倍费波纳齐级数列作为红组，由这一数列的倍数形成的数组作为蓝组，这两组数列构成的数字体系可作为设计模数。

三、景观设计的技术应用

景观设计的技术应用主要表现在以下几个方面。

（一）景观材料

景观设计离不开材料的应用，材料的质感、肌理、色泽和拼接的工艺是景观设计师进行景观创作和造型的物质手段。不同材料的运用创造出的环境效果和环境氛围会完全不一样。

常用的材料包括：石材、金属、玻璃、木材、竹材、砖、瓦以及现代复合材料等。合理有效地运用这些材料不仅是满足环境景观功能作用的重要手段，还在形成美观舒适的空间界面、创造特定的环境氛围等方面有着重要的作用。

（二）施工工艺

景观环境的形成与景观施工技术的高低密切相关，景观施工是根据景观设计图纸进行综合的种植、安装和铺设建造的过程。

在设计过程中，应该注意选择合适的材料，并充分考虑到材料经施工拼接后形成的整体效果。要考虑到植物、材料的运输和施工工序给最后的景观效果带来的影响。要综合考虑到有机和无机材质的运用。与此同时，还要考虑到施工对现有物质、地貌的影响及作用等。

（三）声、光、电等现代技术

随着现代技术的发展和社会生活功能的日益完善，现代人对景观环境的追求不再局限于传统的静态环境造景方式，而是追求多技术、全方位的观感需求。例如，太阳能作为一种清洁无污染的能源，发展前景非常广阔，太阳能发电已成为全球发展速度最快的技术；灯光喷泉是一种将水或其他液体经过一定压力通过喷头喷洒出来具有特定形状的组合体，提供水压的一般为水泵，经过多年的发展，现在已经逐步发展为几大类：音乐喷泉、程控喷泉、音乐程控喷泉、激光水幕电影、趣味喷泉等，加上特定的灯光、控制系统，可以起到净化空气、美化环境的作用。

综合运用声、光、电技术，使现代景观有了更进一步的飞跃，也符合现代人的生活品位要求。

（四）计算机运用

计算机的发展与运用为景观设计提供了科学、精确的表现手段。它能够形成形象、仿真的效果，为修改、复制、保存和异地传输等方面提供便利的条件。

第二节　景观文化及其可持续设计

一、景观文化的定义

（一）景观文化与文学、曲艺以及建筑文化的区别

景观文化是一个大文化的概念，它不同于文学、曲艺等。它与建筑文化相似，都包括物质和精神两个方面，但它又不同于建筑文化。文学、曲艺是有关精神领域的内容，唯一的目标就是满足人们高层次的需求，仅需要很少的物质媒介，受物质、经济利益的约束比较少，从而可以专注于曲艺的韵律、美感和文学的想象，因而它们较之景观文化与建筑文化是更为纯粹的艺术。景观文化则不同，它包含物质领域的内容，同时要以物质形态为基础才能发挥其实际价值。就这方面而言，景观文化与建筑文化比较相似，但是它们又有所区别，建筑总是以物质、功能为它的第一属性。维特鲁威就把坚固、实用、美观作为建筑的三大要求，而相对来说，景观变化自由一些，它不必以物质、功能为第一属性。就如景观最初出现时，它纯粹是以视觉美学的角度来定义的，美感是它唯一的标准。到了近代，景观的内涵变得比以前复杂得多，它的内容更丰富、涉及面更广，因此需要满足其更多的物质、功能要求，但美感还是它的重要属性，高层面的心理需求满足还是它的最终追求。因此，相对建筑而言，景观文化离艺术更近一步，对艺术的追求更多一些。

（二）景观文化的含义

在国内，景观文化虽然提得比较多，但至今还无确切定义。如俞孔坚在《景观：文化、生态与感知》一书中就有以景观文化为标题的文章，但仅限于探讨传统景观认识的一部分内容，主要讲述了从生态学的角度看传统景观中的生存环境意识。沈福煦在《中国景观文化论》中提出景观文化是一种文化，有更多的社会文化性，与社会伦理、宗教、习俗及种种观念形态有关，

而且它还包括大量的艺术文化内容，如文学的、书画的、建筑的、雕塑的、戏剧的等，不过他也没有给出一个明确的定义。陈宗海在《旅游景观文化论》中提出景观文化由四部分组成：一是“形”，指景观文化物化的体现；二是“意”，指景观直接依托和体现的文化；三是景观的背景文化，指外在于景观的文化、思潮和社会；四是景观的阅读文化，指旅游者对景观的认识、理解和利用。他主要是从景观传递文化的角度来分析的，用符号学的观点来说，就是景观符号的能指与所指之间的联系。再者，有一些学者把景观文化与景观传递的习俗、文学简单地等同起来了。如果说景观是一个主、客体相互结合的过程，那么景观文化作为主体的人与客体的景物之间的联系中介，在定义它时就需要从以下几个方面来考虑。

1. 从景观文化的构成因素着眼

在以构成因素定义景观文化时，我们可以根据其意义把它分为狭义和广义两种。狭义的景观文化是指与景观相关的一切意识形态，包括景观营建法式和制度、景观意识和景观理念等。它们是一些与景观本身相关的规范、价值观念及行为准则，包括每个时代的人们营建景观并使之可理解的某些独特方式。比如通常我们所说的传统园林文化中的如何相地、如何进行空间布局的原则，借景、对景和障景等景观营建手法以及天人合一的景观理念，等等。它主要是指一些属于高层次的、隐藏在景观物质表面之后的，关于景观的社会性（社会行为、思维方式及价值观念等）的隐性景观文化。而广义的景观文化是指人类在营建景观和使用景观的过程中所产生的一切物质和精神产品，以及人类进行与景观相关的物质生产和精神生产的能力。也就是说，它既包括了高层次的意识观念领域的东西，又包含了物质形态的产物。

2. 从人与景观文化的互建关系着眼

人与景观文化是相关联的。从某种角度而言，人创造了景观文化，同时景观文化也造就了人。景观文化实际上就是人类价值观念在景观营建过程中对象化时，我们所获得的能力和景物。而景观使用者在使用景观的过程中，受景观传达的文化意识的影响，逐渐被塑造成拥有该种景观文化意识的“文化人”。因此，人与景观文化的互建包含两个过程，即营造过程和使用过程。

营造过程是单一、片面的观念体现，而使用过程是景观文化的独立存在和发展过程。在景观营建过程中，人类不断地熟悉物质、掌握技术，了解如何建造，如何使之满足自身的需求，如何使之体现社会观念意识，体现民族特性、地域特性，等等，也就是说人类创造了景观文化。同时，在景观使用过程中，景观文化又反作用于使用者和观赏者，影响他们的生活方式、思维方法，塑造他们的社会观、价值观，从而使其成为一个完整的具有社会属性的人。建造过程和使用过程的共同作用，完成了人类社会的再创造，使得景观文化得以流传和持续。当然要注意营造过程和使用过程并不是可以截然分开的。在一定地域内、同一时间里，有人在此处营造景观，也有人在彼处使用景观；在同一时空中，人们在使用景物的同时也可能在改造它，人们在建造的过程中或许也已经在使用它了。因此可以说这两个过程是相互交错、融合，彼此有着千丝万缕的联系的。

3. 从人的生存需求着眼

景观文化作为人类文化的一个部分，实际上也可看作人的生活之道的某些方面的表现，是人对景观施加影响的方式、对营造过程的影响方式、对使用过程的影响方式。换句话说，就是人类生存和延续的需求是景观文化的基础和前提条件，景观文化就是使景观满足人类需求的方式和方法。与人身脱离的景观文化、与生活脱离的景观文化、单独实现于环境的物质形态上的景观文化是不存在的，那样也无法理解景观的社会属性。同时景观文化的实现又与人们生存需求的层次性相关。当使用者追求最基本的生理需求时，实现的也就仅仅是景观文化的物质层面、技术层面；当使用者开始追求高层次的心理满足，要求实现自我价值时，也就体现出景观文化的意识层面，与社会观念、民族特性等相关的形态。就一个社会整体而言，我们无法脱离基本生存需求而直接追求高层次的满足，因此，景观文化的实现是逐层的，也就是说从物质形态逐步上升到意识层面。就如当前许多具有景观文化研究价值的村落和历史街区，无法或很难原样保存下来。因为对学者、旅游者来说，他们有着自身的生活基础，所以他们到此处来是为了满足自己更高层次的需求；而对当地的使用者来说，低层次的生活需求更重要。他们最先要做的是在人的生存和文化的生存之间做出选择。当然，景观作为多种社会因素影响下的产物，我们也要考虑景观文化可以作为一种文化资本，加入经济资本的运作当中，如可以把景观文化作为旅游资本，城市、民族文化形象资本等，这样还可以间接满足当地人们的生活需求。

广义景观文化包括景物，狭义景观文化只包含意识形态的内容。景观文化由多层面组成，显性层面靠近景物，隐性层面更接近人。人们在景观建造活动中创造了景观文化，在景物观赏、使用过程中被景观文化影响和塑造。同时，人们的建造和使用活动以人类社会的生存需求为基础，以人为尺度，通过需求选择实现建造、使用方式的选择，从而使景观文化具有社会属性。

二、景观文化的可持续

（一）景观文化的可持续内涵

我们知道可持续性是指一个过程在无限长的时期内可以永远地保持下去，而系统内外没有数量和质量的衰减，甚至还有所提高，而且它对质量的追求超过了对数量的追求。因此，在探讨景观文化的可持续性时，我们要考虑两点：一是对传统景观文化的保护、延续；二是传统景观文化如何结合当前的技术、社会价值观念以及其他文化来发展自身。同时，景观文化包含物质和意识两大类。再者，景观文化与其文化共同体是互建的关系，因此景观文化可持续性的内涵应包含对外部环境的可持续性占有和景观文化内部的稳定、成熟与发展两个方面。

1. 对外部环境的可持续性占有

景观文化作为连接主体的人与客体的景物的中间媒介，它包括物质文化层面的持续和景观文化共同体的持续，或者可称为时间、空间的占有和生活方式及社会关系的持续。物质文化层面的持续是景观文化持续的基础，而生活方式和社会关系的持续是景观文化持续的目的和意义。

2. 景观文化内部的稳定、成熟与发展

景观文化系统是一个开放的系统，其处于复杂的社会大系统中，只有不停地从其他学科、其他文化系统中吸收负熵才能维持系统。由于社会总是不断地往前发展，人们的需求总是不断地改变，因而景观文化系统中的许多内容就会逐渐无法适应社会，被人们所抛弃。因此，我们只有持续地从环境中引入新的适宜社会需求的成分，改变系统的结构使之更适应环境，系统才能得以持续发展。

景观文化可持续的这两个层面是相辅相成的，第一个层面是目的和基础，第二个层面是手段和方法。某种景观文化如果没有第二个层面的变化，那么它也就不可能对外部环境持续性地占有。因为科技总在进步，社会总在发展，社会关系总会发生改变，生活方式和社会观念总在不断地变化，所以无论是何种景观文化，无论它在某个时期是多么优秀，如果它一成不变，就会被其他景观文化所侵蚀和淘汰。相反，如果某种景观文化只是讲究内部结构的协调与发展，没有景观物质基础，没有景观的使用者和景观文化的受众，那它的持续就没有任何意义。

（二）景观文化的可持续原则

1. 多样性原则

当前景观文化有一种“均质化”或者可称为“趋同化”的趋势。当某一种景观文化或其中的某些重要特性侵入其他景观文化地域，成为一种所谓“世界性”的景观文化时，这种情况使得其他各具特色的地域或民族景观文化逐渐消失，最终造成当地景观文化没有民族特色、没有城市文脉、没有场所特性的结果。如此，也就谈不上景观文化的可持续了。因此，我们要保持景观文化的“异质化”（或可称为“多元化”），就如生态学上的物种多样化一样。多样性是景观文化实现可持续的基础，它包括景观文化种类的多样性与景观文化要素的多样性两个方面。景观文化种类的多样性是指要保持景观文化的地域性、民族特色；景观文化要素的多样性是指景观文化内部的景观物要素、景观符号、布局手法、景观理念等的多种多样性。

2. 生态原则

物质层面是景观文化的基础，景观文化要可持续就必须保证景观文化的物质要素符合生态原则。大的层面来说，就是根据生态原则对景观进行生态规划，对特定的场地来说，就是具体的植物配置、地形设计等自身之间，以及它们与场所之间的关系符合生态原则。

3. “人本位”原则

景观文化可持续的最终目的就是为人服务，使人自身得到解放和全面发展，因此，它必须以人为中心，坚持“人本位”的原则。“人本位”原则的内在含义是：我们不是为了景观文化自身的可持续而可持续，不是把传统景观文化的所有内容加以继承，而是应该从当代情况下人的角度出发，以人的基本需求、审美方式、价值观念为基础，对传统景观文化的内容予以“扬弃”，总的来说就是一切从人出发。

4. 开放原则

景观文化作为一个系统要可持续，就必须实现与环境之间的交流。它需要从环境中引进负熵，从其他文化领域、异种景观文化中吸收各种物质和信息，不停地根据社会的进步、人们需求的改变来调节自身的结构与内容。

三、从景观文化结构的角度看景观文化的可持续

当一个国家处于社会结构、经济结构或技术结构转型期时，它的文化必然会经历一段时间的徘徊、迷茫，文化结构也必然会出现某些不协调的部分。我们国家的景观建设正处于这么一个微妙的时期，抛弃了现有的本国景观，反而从古代或国外引入各种“中而古”“西而古”或“西而新”的物质、技术层面的景观文化。然而，人们哲学层面的民族情结、地域文化价值观念等却改变缓慢，从而使景观文化各层面之间发生冲突，造成各种纷繁复杂的状况，景观文化各要素没有正确定时、定位，传统与现代脱节。因此，笔者下面就从景观文化结构的角度出发，予以论述。

（一）物质层面的可持续设计

物质是文化的载体，景观文化只有在物化时才能得以体现，才能在景物的使用过程中得以传达。因此，景观文化的可持续只有通过景物的可持续才能真正体现出它的意义和价值，也只有在人们使用和塑造景观的过程中，景观文化才能得以持续。否则，它将会成为没有生命的、枯萎的明日黄花，无法发挥文化的实际价值与社会作用。那么针对景观文化物质层面的可持续设计，我们要考虑两种情况：一是先辈们遗留下来的历史景物；二是我们将要新建的景物。对历史景物，我们要保护、改造或更新；对待建的景物，我们要结合当前的科学技术、社会观念进行设计。

1. 历史景观的可持续

（1）古迹式的保护

一些经历过历史硝烟、受过时间磨砺的景观，成为历史的见证者、时代文明的传达者。这样的景观主要是供人们观赏、追思、缅怀历史，或者把它们作为科学、文化的研究对象，文学、艺术的创作源泉，而不是利用它们的实用价值。对于此类景观的可持续，我们可以采取完整的保护。当前所说的各种文物保护就指的是这一种。它利用历史的景物，使人们身处其中时可以追思当时的文化和历史，让人们在想象中体会眼前的景物所要传达的意义和文化内涵，在同一空间中，体味不同时代的文化。一般对这类历史景观的保护只是对其景物进行维护，而无法顾及其中真正的、完整的社会生活内涵。因此，此种景物的可持续，最终也只能是实现对景观文化片段的短暂传达、单向传递，而无法实现景观文化的社会意义和价值，无法使文化与人之间实现互建的延续和发展。它是对景观文化的一种僵化的可持续，或者也可称为“躯壳式”的可持续。当然，它也有很重要的意义，它的意义不在于本身原有的社会、生活功能，而是在于其作为传统景观文化的一个“信息源”，能够给予观赏者感性认识，便于后人进行历史文化研究，这对于传统景观文化的传承具有重要意义。如苏州的古典园林、南京的明孝陵、北京的故宫等，它们都时刻向观赏者传达着传统景观文化的信息，让人们可以感受历史文化、传统生活的气息，体味其中的内涵。

（2）对历史景观的改造

这种情况针对的是那些没有很高的历史或科学研究价值、数量比较多、建造年代比较近的历史景物。通常人们还在其中生活，把景物作为附属品在使用；同时其部分功能需求发生变化，使之需要进行一定的改造。在对其进行改造时，要注意使其形式、布局与原有景观相统一，以便景物能够完整地传达信息、继承传统文化。当然在改造的时候，人们会根据功能需求的改变、审美心理与价值观念的变化而对景物的形式、装饰、布局等做出适当的、相应的变化。这种适度的调整，一方面，使传统景观文化经过些微改变适应社会发展而得以继承；另一方面，使景物得以持续使用，使传统景观文化在人们的日常生活中继续塑造、影响它的使用者，进行文化共同体的再生产，从而使传统景观文化可持续。如武汉市江汉路商业街改造，保留并使用原有的建筑、空间布局与格式，只是对门面装饰、地面铺装加以适度改变，增加了一些座椅、花坛等小设施，最终使传统的商业街适应时代发展，得以继续存活和繁荣。

2. 待建景物的可持续

待建景观要使景物可持续，也就是说景物能够在自然作用下和使用者的活动中得以维持，那么它必须遵循以下两个原则。一是生态原则，景观中动植物要素的设计要遵循基本的生态原则，使它们能够自然地生存和延续。如果不是如此，景观营建完毕之后，过不多时植物就死了，那也就谈不上可持续了。二是人性化设计原则，一些人体直接接触使用物质的形式、尺度、材料、质感与色彩等要符合基本的生理和活动原则。例如，考虑人们可以休憩的物体，就需要符合人体学的要求，太高或太低都不适宜，表面要比较平整。总之，这些景观物质要素设计要符合人体尺度、生理需求和活动习惯，否则，使用者就会改变景物结构、形状、布局等，从而可能使设计建造的景物无法维持。如果景物都无法可持续，那么何谈使景观传达的文化可持续呢？

（二）艺术层面的可持续设计

隐藏在景观文化物质形态背后的知识、意向、态度以及价值观念、审美情趣、思维方式等所构成的“民族性格”，因为是一种感性直觉的“潜意识”或“集体无意识”，具有稳定性和顽强的延续力，所以我们称之为景观文化的深层结构。它属于精神文化和心理层次，包括景观情感、景观意识、景观理念、景观思想等。景观文化的深层结构也称为隐性景观文化，因为它自身无法直接表达出来，所以只能利用符号、空间布局、制度、仪式与习俗等景观物质表现出来。而那些符号、制度和仪式等，我们通常称其为心物结合层。它是物质与精神在高层次上的审美融合。在景观文化的可持续中，意识、观念等哲学层面的可持续是目的，而艺术层面的景观符号、布局方式、制度、仪式和习俗等是景观文化可持续的手段。因此，笔者就从艺术层面的几个方面初步谈一谈如何使景观文化可持续。

1. 景观符号的可持续设计

1894 年由索绪尔创始的符号学，在 20 世纪 50 年代就被引进了建筑学，虽然在景观设计学中还没有被正式引进，但是各种提法已经出现了。在此借用英国学者奥根登和里查兹的分法，把符号分为符号的意义（“所指”）、符号的形式（“能指”）与实物三个部分，景观符号也包括此三个方面。文化是一个巨大的符号系统，任何一个人、一个民族都生活在由符号系统构成的文化当中。因此，符号之于文化的关系，是组成元素与系统的关系。由此可知，景观符号的可持续是景观文化可持续一个基本的外在形态因素。

景观符号包含景观符号的能指、所指与实物。能指可视为景物的形式和空间，所指代表景物传达的含义。随着时间、历史的演替，景观符号也会发生转变。在转变过程中，可能形式没有变化，而意义发生了改变；又或者意义没有改变，而形式发生了变化；甚至在演变过程中遗失、增加或改变某些部分。同时，景物处于景观当中，它总要为人所使用，发挥各种社会功能，那么，随着景观符号的演变，它的社会功能也可能会发生改变。因此，景观符号的可持续设计就要从形式、意义和功能这几个方面来讨论。对景观符号来说，形式是直观的、感性的；意义是间接的、有文化背景的；功能则是由形式、意义或它们共同决定的。因此，我们就以形式为第一层面、意义为第二层面、功能为第三层面来分析。

（1）采用传统形式

采用传统形式是指在设计景观符号时，利用传统符号的形状和尺度，以此保证能指上对传统有所保留和象征，而在景观符号所传达的意义和景观功能上有多种变化。采用传统景观符号时也会有多种情况，如景观符号的能指与所指一致，或者所指发生了改变，也有可能是景物的用途发生改变，等等。

①沿用传统的意义。如果形式与意义之间有着极强的映射关系，形式即使只有些许的改变，也会影响到景观符号的意义，同时意义的主题也是一些永恒的、普遍的、有共同性的内容，那么，在这种情况下，我们可以设计采用传统符号原型，即符号的所指与能指一致。根据具体情况，此处要分两种情况来考虑。

当景观符号的意义与原始的设计意图一致时，它们通常会是一些代表民族的文明、历史，或者象征民族本身的图腾之类的景观符号元素。如龙，自从我们祖先设计了这种形式，在中国大地上，无论在任何时代、任何区域应用它，都是对它传统意义的一种沿袭。在我们看来，它代表着中华民族、代表着中国历史与文明。与此相似的还有一些石兽、图腾柱等。

历史的景物随着岁月的推移会褪去功能的外衣，被赋予一些超越历史的内涵，成为具有民族、文明象征的符号。有些是由于景物本身具有的巨大震撼力或代表性，有些是由于著名的历史事件或活动而成为此一类的象征性的景观符号。如长城，在建造它的时候只是出于一种安全防卫的功能需求，为了抵御外族的入侵，保护本国的安全。但是斗转星移、岁月流逝，经过时间的洗礼，它成为我们民族文明的象征，以及伟大历史见证的景观符号。

②景观符号的意义发生改变。景观的所指不但同符号的能指有关，而且与使用者的文化背景相关。因此，时代的不同，社会价值观念、思维方式的改变，使我们可以采用传统的形式，并根据时代需求发展新的意义。也就是说，人们观念的改变促使景观符号的所指发生了变化，然而景观符号的能指却保持不变。如华表，最初它的设计是被用来作为国家计量时间的标准，只有在皇城里——国家政治权力的中心才能被使用。但是，随着时间流逝，它的

意义逐渐发生了改变，除了计量时间，它还被赋予了权势、威严的象征意义，成了民族的标志，后来它甚至慢慢地失去了计量时间的功能，到了现在，它已成为我们中华民族的标志、历史文明的象征。

景观符号意义的变化和景观符号形式的恒定对立统一，这是比较常见的景观现象，我们难以求得形式与意义的一致性和整体性，却可以从这种浮动中看到景观文化变化的趋势。形式的变化不能摆脱社会的需求，符号的意义总是要以时代文化为背景。

此外，还有一些传统景观符号，其自身并不具有很强的符号意义，但由于其明显的民族、传统特色的形式，而成为一种人们对传统、历史怀念时的替代符号。比如对传统园林中园门、“曲水流觞”的引用。蜿蜒的顶、青色的瓦、小巧轻盈的门匾，以及内里圆形、椭圆形或瓶状的门洞，这一切成了对传统园林的一种表述、对历史文化的一种表达。

上面我们只是对直接引用传统景观符号的形式进行了论述，但实际上在我们真正引用的时候，还会通过色彩、质感、纹理、材料和技术等方面的变化，突出景观符号的时代意义或者地域特性。

（2）传统形式再生

由于技术、材料、社会需求和社会观念的发展，当某些传统景观符号完整、具体的形式变得不适宜或者不必要时，我们就可以通过采用局部、抽象或简化及单个景观符号形式重新组合等手法使其传统形式得以再生。

①采用传统形式的局部。这种情况是指引用传统景观符号的局部形式来代替整体。通常是该种景观符号的形式在我们使用的地域内和时代里为大家所熟悉和了解，我们采用的局部具有很强的代表性，让景观使用者能够以点及面，接触到局部就能联想起整体的形式。通常情况下，可以采用以下两种方法。

采用形体的某个面：当传统景观符号表现为一个实在的形体，而且呈现出某个明显的观赏面时，该立面通常正对人们的视线或者占据形体的主要位置，可以暗示整个形体或者表明某个场景的开始。此时，我们就可以通过对此立面的引用来代替整个景观符号。

采用形体的某个部分：采用景观符号中的某一两个元素，这一两个元素是整个景观在形体上的视觉中心或功能结构中心，在人们的心目中可以起“借代”的作用。

②传统形式的抽象、简化。当我们只是需要一个形象的、简单的整体概念和意象时，由于传统形式太过具体、烦琐，细节意义无须表达，因此，我们就可以把整体形象抽象和简化，只留一个视觉外轮廓或者简化的形体。这种情况下，我们采用传统形式有可能是引用它的意义，也有可能只是用它代表某个时代的文明，又或者仅仅出于它在视觉上的样式美。

③传统景观符号形式重新组合，即把传统景观符号中不同体系、时代和地域的一些单体符号根据自身的需求按规律或随机加以组合，形成一个新的体系，代表某种新的含义。

④特殊手法的引用。在传统园林中，有许多表达意义的特殊方法，在现代景观设计中可以借鉴与引用，如对传统中“地花”的引用。在传统园林文化中，人们通过在地面上运用卵石、碎瓷片等铺筑出各种具象或抽象的民间图案来表达人们的祝愿、愿望。在现代，人们运用相同的方法发展出各种图案，采用多种材料来表达相同的目的，甚至有一些只是作为地面上的平面装饰。追根溯源，它们都是对传统园林中“地花”的引用。又如对传统园林中“漏窗”手法的引用。“漏窗”是通过窗户上分割画面部分组成的图案来表达某些意图。那么，现代设计就不必局限于横平竖直的单调窗格，而采用“漏窗”的手法，进行各种艺术图案的表达。

此外，在引用传统景观符号形式时，要注意防止形式与功能相脱离。纯粹为了在形式上与传统相似而不顾功能的需求，或者不顾功能如何，统一套上传统形式的外衣，这些做法都是不可取的。

（3）发展现代的形式

由于新的材料出现，发展出新的形式，或者由于新的技术、结构出现，创造出原先没有的形式，等等。总之景观形式总会随着时代的发展而进一步丰富、变化。正是这些结构、形式的丰富与变化，使得传统景观符号的形式能够满足不断变化的社会功能需求，得以持续被人们所使用，成为一个活的体系，这是传统可持续的基础。当然，在对待这些新的形式时要采用两种方法：一种是把现代形式嫁接到传统形式的根上；另一种是以全新的态势发展利用新的形式，创造时代特征。

①现代形式的“嫁接”是指把新的结构形式嫁接到传统意义的根上，给传统注入生机。就如贝聿铭在设计北京香山饭店时所思考的那样，“中国建筑的根还存在，……还可以发芽。宫殿、庙宇上的许多东西不能用了，民居上有许多好的东西。活的根还应当到民间采取。……光寻历史的根还不够，还要现代化。有了好的根可以插枝，把新的东西、能用的东西接到老的根上去，否则人们不能接受”。虽然他说的是建筑创作的问题，但在景观文化上也应该采取一样的态度，就如我们平常所说的“古体今用”手法。

②时代形式的发展。由于社会观念的转变、新的社会功能的出现，传统形式无法表达新的意义或满足新的功能，此时就需要积极地发展技术，创造新的形式。这些新的形式不仅是对传统文化的丰富与发展，还可能会成为景观文化的时代标志与时代特征。如大型的张拉膜遮阴结构，其不仅施工简单、便捷，还满足了人们不受阴雨气候影响，在大型室外公共活动空间开展活动的需求。又如，随着生态学的发展，人们对人与自然关系的认识发生改变，这在景观形式中也有所反映。

（4）引用其他文化符号

景观文化是一个开放的系统，它时刻不停地与外界环境进行着信息交流，以此保证自身的发展。传统景观符号实际上也是吸收多种文化的结果。因此，我们在对景观文化的延续继承过程中，也应该从传统文化中的其他文化内容里吸收养分。在这里就是指引入其他文化形象，把它“物化”成具体、实在的景观符号。此处的“物化”就是指在现代景观规划设计中，通过景观要素、形态和环境空间的规划设计，将传统文化的主题、内涵和外延较为生动形象地进行表达，使游览者在观赏过程中能够通过直觉、联想、想象、移情等体验方法对传统文化深入感受。在现代景观中引入传统文化中的其他文化符号，可以丰富景观文化的内容，同时景观文化含义又是历史的、传统的，具有深层内涵和文化背景，如此一来，现代景观有了历史内涵，传统景观又有了新的发展。

在物化过程中，我们可以从文学描绘的景观画面（如传统的山水绘画、民族和地域的民间图案文化、历史事件或神话传说）中提取场景、符号，然后就可以把它在景观中形式化、具体化。根据引用的文化内容来源，我们可以粗略地概括为以下三个部分。

①文学的物化。自古以来，文学就与景观有着密切的联系，历朝历代都有文人墨客咏景畅怀，他们遗留下许多诗词歌赋。这些诗词歌赋有些是对美丽实景的描写，有些是对深层意境的表达，也有一些是经过文人提炼之后虚构出来的场景，但那些场景都是人们心中向往或熟悉的景象。因此，在适当的场合，我们就可以把这些景象物化，从而形象、具体地表达出来。如我们可以把诗句“小桥流水人家”物化，通过在一条蜿蜒曲折的小溪上搭一座石拱桥，在石桥旁再建两三座黛瓦粉墙的房屋，以此充分地表现出传统江南水乡的景象。此外还有一些特殊的文学形象的物化，如寓言故事、神话传说的物化。

②民间图案的物化。民间图案是传统文化的一个组成部分，其生动、形象的平面造型，蕴含着深厚的文化意义，传达了人们各种美好的愿望、祝福。在现代景观中，我们可以把这些深藏民间的图案物化，通过更直接、具体的方式表现出来，使之便于传承。对于民间图案的物化有两种形式。

平面形式：通过浮雕、地花等平面形式直接把图案物化。

立体形式：民间图案中的许多形式是对生活中的某些景物或动植物平面形体的抽象，在物化过程中我们又可以把它还原为立体的形式。

③历史事件或传统生活场景的物化。由于对历史的缅怀，对过去生活的记忆、怀念等，我们可以通过抽象的浮雕画面形式或生动的场景再现形式把它物化。

2. 景观空间布局的可持续

景观空间布局模式是多样变化的，是受地理环境、场所条件、功能、社会理念以及政治、经济、技术等多种因素共同影响的结果。根据主次、类别，我们可以把此影响因素分成三类，即自然因素、文化因素和社会功能因素。

下面笔者就从这三个方面对传统景观空间布局模式的可持续进行分析。

（1）自然因素影响下的景观空间布局模式的可持续

自然因素包括从气候、地势、水体、土壤到动植物与微生物等多种因素。根据各种因素对景观空间布局的影响大小，设计时可以首要考虑地理环境和气候条件等，而其他因素则可忽略不计。地理环境和气候因素的影响，我们从两个方面来分析。

①对模仿自然形成的景观空间布局的继承。相对于漫长的人类发展和地理环境的演变，人们居住地域的地理环境是不变的。山川丘壑、森林湖泊等的总体态势，通常是定形定位的。而这些自然态势往往会成为人们在景观布局中的模仿对象，由此形成各种具有地域特色的景观布局模式。如江南地区总体上是有山有水、山环水绕、山水相依的态势，于是形成了江南传统园林中山水相依的布局模式。既然自然态势是不变的，那么由此形成的地域社会自然审美观也是相对稳定的，因此在当今社会里，我们对此种布局模式还是可以直接引用的。当然，此种情况下的继承不能拘泥于具体的山势、水形，而是注重大的山水相依的空间格局。

②对于受人为生理需求影响形成的景观空间布局模式的发展。由于严寒酷暑、风沙暴雨等自然气候下的环境与人们理想的舒适生活空间之间总是有一些差距，因此人们就会通过人为的布局来改善小环境，并世代传承、积累，由此形成与各种气候条件相应的景观空间布局模式。如北方为了防风沙、在冬季保持温暖，形成了一种内聚型四周围合的景观空间布局模式；热带地区为了避酷暑、防蚊虫等，形成了一种开放、通畅的景观空间布局模式。对于这些模式，可以根据能力与需求的改变而采用原有形式或者使之进一步发展。在小范围内，可以继承传统模式，充分利用自然因素，保持地域性；在大尺度下，可以改变原先的无作为，发展传统模式。如北方原有的庭院式内聚景观空间，通过防护林带形成城市尺度下的内聚空间，保证整个聚居地的环境适于生活。

（2）文化因素影响下的景观空间布局模式的可持续

景观空间布局会受文化影响，特别是受一些主流的社会意识的影响。例如：北京的紫禁城，有深刻的封建礼仪秩序在其中；英国自然风的布局模式，有一部分是受当时社会崇尚怀古、伤感诗篇流行的影响。对于这些布局模式，我们应该做到两步："去义取型，立意布局"。"去义取型"是指对于这些布局模式，我们要脱离它的文化背景，摆脱当时的社会观念，从视觉、心理的体会去感受它的空间，领悟其方法。"立意布局"是指从当前的社会观念出发，确立景观空间的意图，然后引用领悟到的方法及其背后的空间形式来布置景观空间。

（3）社会功能因素影响下的景观空间布局模式的可持续

由于社会发展趋向于社会分工越来越细，因此人们的工作也越来越专业化。那么，与人们生活、工作相关的景观空间的划分必然会专业化和细化。此种情形下，我们可以采用"布局模式专业化"与"传统布局模式细化"两种方法。

①布局模式专业化。社会分工的专业化，使得与之相关的物质形态布局也进一步专业化。在规划层面，如传统的城市居民住宅、商铺、工厂等往往是混杂在一起的，而现在出现了专门的住宅区、商业区、工业区等。在设计层面上，各个分区内都有各自的要求和标准，相应地存在一定的空间布局要求。如住宅区内布局时更注重住宅间距、通风、采光等，工业区可能更注重交通运输、防止污染等需求，甚至在工厂的内部也会根据不同的流程有不同的空间布局要求。

②传统布局模式细化。随着物质技术的发展、社会功能的复杂化，原有完整的、简单的、单一的景观空间布局会阻碍社会分工细化的实现，此时我们必须把原有的布局细化。如道路空间布局模式，传统社会只有一个完整的通畅空间，随后出现人行道，之后有了隔离带，现代甚至出现了步行和车行完全分离的布局模式。

3. 景观营建法式和制度的可持续

景观营建法式与制度是人们在景观活动过程中逐渐地认识、发展和完善起来的，它以景物的自然属性以及使用者的自然属性为基础，受科技和材料的限制，受社会观念的影响。它随着时间的推移、社会的发展、科技的进步以及人们思维、价值、审美观念的改变而不断变化。因此，对于景观营建法式和制度的继承与发展，我们应该根据不同的影响因素，对它们的改变状况进行分析。

（1）根据科技和材料的发展适时改进营建法式

法式总是以科学技术为依据。如果科技发展、劳动工具发生了变化，劳动对象发生了改变，那么方法也自然应该相应地变化。

（2）根据社会观念的改变剔除消极的成分，创立体现积极观念、时代观念的制度

传统建筑的形式在使用上有严格的规定，如规定了何种形式是平民百姓所用，何种形式是皇家独用。如传统园林中苑、囿等景观只能为皇帝、贵族所使用，等等。这些制度是落后社会观念的体现，我们应该予以摒弃。相反，对于当今社会上积极、进步的观念，我们要加以吸收。如在现代景观中引入建设公园的制度——公园是公共的园林，人们可以平等地使用它，这体现出一种平等观念。

4. 仪式和习俗

景观仪式和习俗是在人们营造景观和使用景观的过程中形成的，是对人们某些社会观念和思维方式的反映。这些仪式与习俗有些是体现人们美好的愿望和喜悦的心情；有些是表达人们对自然、神鬼的崇拜和敬畏；有些只是体现人们对历史人物或事件的纪念。当然，随着科学技术的进步、社会观念的转变，某些仪式和习俗失去了活动的物质、观念基础，有些甚至成为迷信的象征。对于那些仪式和习俗中迷信或消极的成分，我们当然不能继承。而对于其他没有被传承或渐趋消逝的景观仪式与习俗，我们可以将其作为文化资本来运营。这种方法可称为“文化资本化”，也就是说，把这些仪式与习俗转化成产业资本。它可以有多种形式，比如：在旅游场所，可以把这种仪式与习俗转变为观赏性强、具有地域或民族特色的景观活动；在城市中，则可以将其发展为活动节或文化节，一方面，市民可以参与其中，另一方面，可以提高城市的文化形象，如上海市的城隍庙庙会、武汉市的风筝节等，既丰富了市民的娱乐生活，又提高了城市的文化形象。

第三节　居住区环境景观可持续设计方法

一、居住环境景观

居住环境景观是作为主体的人与作为客体的居住环境之间互动而形成的被人们感知到的视觉形态物以及相互之间的关系。居住环境景观不仅是居住物质空间形态的外在想象，还是人类历史与文化的载体，它是不同历史时期的居住环境建设蓝图在相同背景上叠加和更新的结果。作为一个人工创造物，居住环境景观一半产生在对艺术品形式的追求上，另一半则如同花草树木一般，依周围的环境条件产生于自然规律之中。

居住环境景观的构成要素分为物质和精神文化两种类型。其中，物质的构成包括人、建筑、绿化、水体、道路、庭院、设施与小品等实体要素；精神文化的构成，即指环境的历史、文脉、特色等。

物质与精神文化相互影响、相互作用、不可分割。精神内涵通过物质要素体现出来，使物质要素更具有文化性。

二、居住区环境景观可持续设计中的种植设计

（一）合理保留场地原有植物

在可持续的植物景观营造中，要尊重自然，合理地利用自然，保护原有生态系统。

在项目施工之前将场地原有植物清除干净的做法是不合理的，应要尽量选择性地保留原有植被，尤其是大树、古树，并给予适当的养护和管理。原有植被的使用更易维持场地原有的生态系统，这样不仅能营造出优美的景观效果，还能降低植物成本；既体现了可持续景观的生态性，又降低了养护成本，达到既环保又节约的目的。

（二）采用乡土植物

乡土植物是指在本地区土生土长的植物。在可持续景观设计中，在保证植物种类多样性的基础上，应优先选用成本低、适应性强、本地特色鲜明的乡土植物。

乡土植物具有很高的生态价值。每个地区都有自己的生态平衡，任何外来物种的到来都会使原有的平衡被打破，乡土植物易与当地生物构成和谐的生态系统，保护本地区的生态平衡。

乡土植物可以突出当地景观特色。乡土植物在居住区环境景观中的选用，往往会形成本地区特有的植物群落，强化当地特色景观，将观赏价值高的高大乡土树种作为主要的景观树，可创造出良好的景观，避免千篇一律的景观模式。

应用乡土植物可以节约植物成本及养护管理费用。一方面，乡土植物在本地生长，苗木来源充足，各个规格很容易得到，且运输距离短，节省了运输过程的时间和运输费用；另一方面，苗木移栽前后的环境变化小，其对土壤、光照、温度、湿度等都适应，与外来树种和名木古树相比，苗木的成活率高，并且栽植后能够较快地恢复长势，在养护管理的过程中不需投入太多资金，如夏季的遮阴、冬季的保温防冻、特殊的土肥配制等都可省略。此外，乡土植物和外来树种混合种植，有利于减少病虫害的传播，减少绿化费用。

（三）选用粗放管理植物

粗放管理植物指的是适应性强、抗旱性强的植物，这类植物大多具有适用范围广、生长速度快、繁殖能力强、绿期长、既可观叶又可观花、管理相对简便、维护费用低等优点。节水耐旱型植物就属于粗放管理植物的范畴。在物业管理不善的居住区绿地和干旱缺水地区使用低耗水量的树种，有利于生态环境的可持续发展。节水耐旱型乔木如白皮松、臭椿、栾树、刺槐、构树等，花灌木如连翘、胡枝子、夹竹桃、栀子花、忍冬等，这些植物自身的需水量少，这样就可以从源头上做到节约用水，以减少养护管理的开支。不同植物耗水率的研究对于可持续景观发展具有战略意义。

（四）提高植物的多样性

在居住区环境景观种植设计中提高植物的多样性，有益于丰富生态系统的多样性、物种的多样性和遗传的多样性，有助于提高生态系统自我恢复和修复的能力，从而减少管理维护费用。

提高植物的多样性，并不是单纯地将多种植物组合，而是要在生态学特点和生物学特性的基础上，从食物链以及物质循环的角度，进行科学合理的植物配置，以确保各种植物之间与所处地域共生共享、相生相衍。如在孤植树的下方、树林下部、高层建筑背后等潮湿无光处，栽植连翘、大叶黄杨等低光补偿点及低光饱和点的灌木，或栽植八角金盘、麦冬、鸢尾等耐阴暗潮湿的地被，利用其独特的生理优势，形成空间层次丰富、生态效益良好的绿化景观。植物的多样性会带来动物景观的多样性，诱惑更多的昆虫、鸟类来栖息，营造出多种多样的生境与绿地生态系统，形成满足各种生物生活需要的稳定的自然生态系统。

（五）科学的植物配置

植物种植模式的单一，不仅会影响景观的视觉效果，给人单调乏味的感受，还会直接影响生物的多样性，植物容易受到病虫害的侵袭，从而影响其正常生长，这样不利于景观的可持续发展。科学合理的植物配置，可以让植物发挥更大的生态效能，实现人工的低度管理、景观的可持续发展。

由于城市居住区用地绿地率不可能无限制增加，因此居住区绿化在提高绿地率的同时还要提高绿地的叶面积指数，增加绿量，提高生态效能。在植物配置中，遵循生物学规律，应用植物生态位互补、互惠共生的生态学原理，科学配置人工生态植物群落，形成结构合理、物种多样性丰富、生物量高、功能健全、种群稳定的复层植物群落结构，促使植物、动物、微生物相生共荣。

居住区内植物的配置要常绿树与落叶树搭配，速生树与慢生树搭配，乔木、灌木、草坪搭配，兼顾近期效益与长期效益，突出植物季相变化。合理搭配和因地制宜地选择，可使居住区形成层次丰富、功能多样，自我维持、更新与发展能力强，强稳定性和抗逆性的拟自然植物群落，实现人工的低度管理和景观资源的可持续维持与发展。在选择灌木和地被植物时，要选择能在较短的时间内长成并能维持长期效果的植物种类，这类植物最短1年见效，多数3年至5年见效。居住区中应尽量减少人工草坪面积，研究表明，乔木与灌木搭配种植的灌溉用水量远低于草坪，但是乔木、灌木、草坪的结合，其所增加的单位生态效益却比草坪高得多。另外，草坪的养护费用与植物群落的养护费用之比为3∶1。因此，在种植设计中应乔木、灌木、草坪结合配置运用，适当设置疏林草地，慎用大草坪。

三、居住区环境景观可持续设计中的能源利用

（一）太阳能的利用

1. 丰富的太阳能资源

太阳能资源是为人们所熟知的一种取之不尽、用之不竭的能源。太阳能遍布全球，可以就地开放利用，不存在交通运输问题；太阳能是洁净无污染、可再生、廉价的自然能源；太阳能是一种低能流密度且仅能间歇利用的能源；太阳能是新能源和可再生能源中最引人注目、开发研究最多、应用最广的清洁能源，在开发利用时，不会产生废渣、废水、废气，更不会影响生态平衡。

2. 太阳能在居住区环境景观中的利用

（1）居住区太阳能景观照明

景观照明不仅具有基本的照明功能，还有装饰、美化环境的作用，是集照明功能与装饰照明于一体的综合照明体系，是居住区环境景观的重要组成部分。居住区景观照明是形成居住区安全感、私密性、公共性、艺术性和特色的重要手段，能够给居民的生活增添生机与活力，提升居住区的形象，并从侧面反映了居住区的文明程度。

随着经济的繁荣、城市的发展、“光亮工程”的推进，居住区照明越来越重要，路灯、地灯、草坪灯、聚光灯、水下灯、信号灯不胜枚举，这些灯消耗着大量的电能。而利用太阳能做电能供给居住区景观照明，是居住区景观节能环保的重要举措。

太阳能主要为居住区内的路灯、庭院灯、地灯、指示灯牌、草坪灯、信号灯等供给电能，并使用智能控制的方式节约能源。太阳能灯具安装简单、灵活，能在任意有太阳的地方快速见效，而且太阳能照明是一次性投资，不用后期再投入过多的管理维修费用。

（2）太阳能与建筑一体化

太阳能与建筑一体化是指通过采用太阳能热利用技术和太阳能光伏技术，把太阳能材料与建筑材料结合，利用太阳能进行发电、采暖、制冷和供应热水，以满足人们日常生活的需要，同时达到减少或不用矿物燃料的目的，建成具有环保和节能特点的现代建筑。

当采用一体化技术时，太阳能系统便成为建筑设计的一部分，太阳能部件不能作为孤立部件，利用太阳能部件取代某些建筑部件，从而使其发挥双重功能，降低总的造价。如光伏建筑一体化是指将光伏组件与建筑材料一体化，通过采用特殊的材料和工艺手段，将光伏组件做成屋顶瓦、外墙、屋檐、遮阳板、窗户、护栏等性能要求的太阳电池组件，直接作为建筑材料使用。光伏建筑一体化既具有足够的强度、刚度，不易损坏，还具有隔热、绝缘、抗风、防雨、透光等性能，集发电功能与建材功能于一体。

（3）居住区建筑朝向和间距

居住区建筑的朝向和建筑之间的距离对居民的日常采光有重要的影响。建筑的朝向和间距问题要根据当地环境条件，因地制宜。

20 世纪 90 年代中期，深圳一小区打破了我国居住区规划规范中要求的“住宅户户朝阳”的限制，最先采用围合式的住宅布局，以景观为主，取得了良好的效果，使城市住宅理念发生了变化。随后，针对不同的地理、气候、日照条件，居住区建筑开始出现朝西、朝北、朝东的布局。对于在地理纬度靠北的地区来说，朝向很重要，北方冬季寒冷且较长，朝向要求户户朝南，才能确保良好的日照条件。此外，景观设计师要避免为了规划平面图的美观而牺牲建筑朝向的现象。

随着科学技术的进步，日照分析软件可以模拟具体的地理条件，准确地解决采光问题，为建筑布局、种植布局、空间布局、建筑形体设计等提供技术支持，有助于土地的节约和合理利用。

（二）其他清洁能源的利用

地热能是可再生能源，全球普遍存在并易于获得，其使用过程中不产生污染物质，运作费用极低，未来会成为仅次于太阳能的重要清洁能源。目前，瑞士地热能利用已较为普遍，其有钻井约 1 600 个，并与热泵一起发挥作用，使瑞士大气中二氧化碳排放量大幅度降低。

此外，生物能（如利用稻草、秸秆等农业废料制造沼气或发电，利用厌氧发酵池生产沼气等）、潮汐能、水能、海洋能都是清洁能源。在景观设计中可以利用生物能作为生活能源和照明能源。目前我国对这些能源的利用还处于示范阶段，相信随着人们对环境与资源保护意识的提高，优质、高效、洁净的能源在 21 世纪将获得大发展。

四、居住区环境景观可持续设计中的水处理及利用

水是生命之源，在满足人类的生理需求、视觉需求，调节生态等方面发挥着重要作用。但是气候变迁、水体污染、人口增加、生活水平提高、生产用水增加等多方面的因素，导致了用水量的大幅攀升，致使世界许多地方出现了水资源紧缺的现象。在居住区环境景观的建设和管理中重视水资源的节约，提高水资源的利用率，将会在一定程度上缓解城市的供水压力。可以在居住区环境景观设计中以“节流优先，度质量用”为水资源的可持续利用战略，以提高水资源的利用率为水资源可持续利用的核心。

在居住区环境景观的开发建设过程中，应避免导致原有水体恶化的建设行为和在缺水地区人工挖湖造景的行为；应大力提倡利用雨水、回收再生水、海水和微咸水等非传统水资源；应发展节水灌溉，大力发展喷灌、滴灌和地下滴灌的灌溉方式；研究化学制剂改善植物或土壤状况，如保水剂，利用化学调控节水；在绿化中广泛推行“耐旱风景”；在城市园林绿地系统总体规划阶段应对城市各类绿地合理布局，充分利用天然的河流、湖泊水系，形成城市良好的生态水景系统，减少以城市自来水系统维持各类人工水景，让喷

泉、瀑布、人工湖等人工水景用水与城市天然水系、绿地灌溉系统相连，使水资源最大限度地重复利用。

（一）雨水的利用

城市不透水地面的面积越大，雨水径流的总量就越大，因为不透水地表的糙率小，雨水汇流速度增快，所以使洪峰出现的时间提前，各街区的雨水径流几乎同时排入河道，又使得洪峰流量增大，对河道产生冲刷。河道由于经常发生满槽流量，河槽被扩大，因此其工程维护费用增加，岸边植物遭到毁坏。此外，雨水在降落过程中吸收了可溶解性气体，溶解性或悬浮状固体、重金属等物质也都可以进入雨水，这就导致雨水中会含有污染物质。大量未经处理的雨水直接排入水体，对水体造成的污染问题不可忽视。

因此，雨水的回收利用对环境的影响主要表现在：减少雨水地面径流，削减洪峰流量，减少对雨水排水系统的需求，减轻防洪的压力；减少径流中携带的大量污染物因排入水系统而造成的污染；提高水资源的利用率，减少对市政供水的需求，缓解区域用水的压力；促进雨水向地下水供给，帮助部分区域解决地面沉降问题；改善小区与区域的生态环境；雨水可以作为居住区水景的水源，最大限度地节约水资源。

随着越来越多缺水城市的出现，雨水的资源化和利用将大有前景。雨水收集系统主要通过设置雨水收集槽，内设透水管，上铺粗砂、砾石和鹅卵石的方式，对住区的屋面及地面进行雨水收集。一般雨水经简单筛滤后，进入截流井，弃流初期雨水后，再进入市政管道，筛滤后的雨水被排放到人工湖，雨季时，溢流排放至城市排水管道。处理后的雨水达到生活杂用水水质标准后可作为中水回用，如回用于建筑物及小区杂用水，杂用水包括绿化用水、道路浇洒及冲洗汽车等用水。一般需要的杂用水量是非常大的。

1. 雨水花园

雨水花园是指在自然形成的或人工挖掘的凹地上种植地被植物、灌木甚至乔木的一种生态型的雨洪控制与雨水利用设施，它收集并渗透吸收来自屋顶或地面的雨水，通过土壤和植物的过滤作用加以净化，极具观赏价值，是收集、净化和造景功能三位一体的设施。

雨水花园的主要功能是雨水渗透，可使屋面径流系数减小到 0.3，即在同等降雨量下收集到的雨水会相应减少，甚至小雨时不会形成径流，比较适合雨量充沛均匀的地区。而且屋面植物和土壤起到了预处理的作用，有效地去除了径流中的有害物质，如悬浮颗粒、有机污染物、重金属离子、病原体等，使径流水质得到明显改善。因此，采用了雨水花园方案的建筑，可以省去初期雨水的控制措施。此外，雨水花园还能为昆虫与鸟类提供良好的栖息环境。雨水花园能够改善小气候，给人更好的景观感受，且成本较低，管理比草坪简单，在我国有广阔的应用前景。

2. 透水性铺装

透水性铺装是指雨水能够透过并直接渗入路基的人工铺筑地面，这不仅要求铺地的面层透水，还要求结合层和基层也透水。透水性铺装包括透水性沥青、透水水泥混凝土、生态透水砖以及一些特殊透水铺装。其主要应用于居住区、公园广场、停车场、运动场及城市道路。

20 世纪 80 年代初，日本为解决“抽取地下水引起地基下沉”等问题，推行“雨水渗透计划”，采取了“雨水的地下还原对策”，先后开发、应用了透水性沥青混凝土铺装技术和透水性水泥混凝土铺装技术。建设部于 2004 年公布的创建国家生态园林城市的评估办法和标准中，对城市生态环境指标的一项要求就是建成区道路广场用地中透水面积占地面的比重大于等于 50 %。

为合理地规划地表水径流途径，增加雨水自然渗透，补充地下水，在居住区最简单的方式是尽可能减少封闭路面，建设非封闭路面（用透水性铺装铺设的路面，如居住区路面与停车位采用透水铺装材质），将用水从封闭路面或屋顶引向非封闭路面，经过土壤渗透、过滤，既可以减缓用水地表径流的强度，使地下水得到补充，又可去除雨水中的污染物。

此外，研究表明，绿地具有良好的入渗性，为加大雨水渗透量，居住区内应有大于 30 % 的绿化面积。扩大绿地面积的方式有两种：一是可以合理地降低绿地高程，建成下凹式绿地，最大限度地增加雨水的自然渗透；二是加大坎高，选种较耐淹的植物，使绿地的蓄渗效果达到最好。

（二）中水的利用

在水资源日益短缺的危机下，人类不断探索新途径获取淡水资源，目前全球范围内普遍采用的开源措施有流域调水、海水淡化、中水利用和雨水蓄用等，它们在一定程度上都能缓解水资源供需矛盾。中水利用经常被作为首选方案：一方面，中水水源就近可得，水量稳定，不受气候的影响；另一方面，国内外污水处理市场发展迅速，各种污水处理技术也日趋成熟。据统计，城市用水的 80 % 转化为污水，经收集净化后 70 % 可再利用。这意味着通过污水的再生利用，在现有水资源一定的情况下，城市用水量可增加 50 % 以上。

中水，是指将生产和生活中的优质杂排水（不含粪便和厨房排水）、杂排水（不含粪便污水），以及生活污水、工业废水、雨水等城市污水，经过污水厂处理，达到去除有机物、重金属离子等目的，使水质达到河湖排放标准，然后再送到深度处理厂，经过混凝、沉淀、过滤、消毒等工艺过程或利用膜技术深度处理，从而可作为非饮用水的用水。

生活、生产用水，水质标准要求很高，即与人们生活密切接触的水，如生活饮用水、洗浴用水等，这些水占全部用水的 40 %，不能被中水替代；还有多达 60 % 的水是用在工业、农业灌溉、环卫和绿化等方面，其中部分对水质要求不高的，可以使用中水，这样能节约大量的新鲜水源。例如，中水可以作为居住区景观用水和植被浇灌用水被使用，以达到节水的目的。

（三）水景的设计

水景是一种以水为主要视觉对象的景观，指在一定的空间范围之中（主要是建筑物的外部空间，包括室内空间），以水为主要的造景要素，通过物质技术手段，实现水体的静态、流变、垂落、喷涌等有意味的形式变化，体现出造景者的审美理想。

水景与人们的日常生活息息相关，水景设计也成为居住区环境景观设计的一大亮点。水景能美化居住环境，通过水景的营造，引导、连接、划分出丰富的空间，利用水景点缀和柔化空间，为人们提供休闲、交往的集聚场所；

居住环境的生态效益主要取决于植物与水体的质和量，通过水环境改善居住区的小气候，调节区域的温度、湿度，净化空气，吸尘降噪，增强居所的舒适感；水景给人带来生动的美感，可供人宣泄情感、调整心态、寄托情怀；景观容易形成视觉中心，对居住区形象的提升和居住区特色的塑造也起到巨大的作用；居住小区水体是防震、防火、防洪、减轻灾害的重要保障，特殊情况下还能成为抢救火灾的紧急水源，形式多样的水景可分担一部分暴雨径流，这样不仅有助于居住小区内部雨水的迅速排除，还能减轻城市管网的负荷，降低内涝的可能性。水景的可持续设计方法如下。

1. 水源的开源节流

水源是水景设计的灵魂。现代景观用水的水源主要有：自然水源、地下水、自来水、雨水。应在可持续的水景营造中从源头上节约用水，根据小区周边的地理条件来确定水源供给的途径。一是自然水体供给水源，如能与江河、湖泊、地下水等流动水系相通，可供应清洁的、充沛的景观用水，但自然水源往往会受到条件限制，不能普遍使用。二是以小区或城市中水做水源，小区内水源如果不能与流动水系沟通，那么可以考虑大中水或小中水供水，提高水的利用率。三是用雨水降水作为水源，可以利用建筑物屋面、地表汇流等收集雨水，还可以利用雨水形成水景，不足的是雨水不充沛地区需要其他水源的有益补充。

2. 水景的合理布局

应因地制宜地对水景合理布局。居住区中若有天然湖泊、池塘等原始地貌，可以对水面进行集中式设计，适当调整水面的形状，形成有收有放、对比突出的水体空间。居住区中若无天然的水体，应尽量设计小型水景，以点式、小块面状水景为主，如跌水、壁泉、小水幕、水墙等。此外，我国北方冬季降水少、时间长，气温低，大面积喷泉水景、人工瀑布、跌水等难以维持正常运转，湖、池水位下降使水底暴露，既不美观又不能得到亲水性的效果，因此，在居住区设置小型水景、水深较浅且旱湿两用的水景就尤为重要，如小型喷水池、小瀑布等，小型水景可以和建筑小品、植物等结合造景。水景水深不宜过深，如将水平铺一层的人工浅水池，深度在 15 cm 左右，会有良好的镜面效果，倒映周围的建筑和植物，美不胜收；在浅水池下方可设置回水池，在不需要水的时候，将浅水池中的水排入回水池，排空水的浅水池可以用作广场，起到旱湿两用的作用。

3. 驳岸处理

驳岸是水域和陆域的交界线，相对于水而言也是陆域的最前沿。传统的驳岸大多使用砖石结合混凝土等材料建成，主要采用直立式、斜坡式、台阶式等处理模式。虽然这些做法立竿见影，但通常会阻隔水体与土体直接的联系，使得水土中的生物交流被阻断，破坏了水土之间的生态关系。

我们在进行自然溪流或河流的驳岸设计时，应采用自然原形驳岸、生物有机材料驳岸、工程材料驳岸代替钢筋混凝土和石砌挡土墙的硬式驳岸。上述三种驳岸不仅可以充分保证河岸与河流水体之间的水分交换和调节，同时也具有一定的抗洪强度。

（1）自然原形驳岸

自然原形驳岸是对原有驳岸改动最小、对生态环境破坏最小的驳岸处理形式：在保持原有自然状态的基础上，选用沿岸自然石材平铺碎石或叠石，适当减少流水对泥土的冲刷。此外，在驳岸种植如柳树、水杨、白杨以及芦苇等具有喜水特性的植物，利用植物舒展的发达根系来稳固堤岸。这种驳岸适合设计在坡度舒缓、水差小、水流平缓的地方。

（2）生物有机材料驳岸

生物有机材料驳岸是指在驳岸处理中，采用树桩、树枝插条、竹篱、草袋等可降解或可再生的材料辅助护坡，再利用植物生长的根系固着成岸，通过人为措施，重建或修复水陆生态结构的驳岸形式。这种驳岸适合坡度较小、水差也较小的地方。

在瑞士苏黎世州雷维苏河中，整条河道的护岸工程仅以植物作为护岸材料，用的是编桩施工的方法，在河岸坡脚处打入成排的木桩，木桩间以柳条编织连接如栅栏样，最后将沙土填埋在栅栏后面。几周以后，柳条开始生根，牢牢地抱住土层，从而起到加固河岸的作用。

（3）工程材料驳岸

工程材料驳岸主要利用混凝土预制构件、耐水木料、石材、金属箱等构筑成的高强度、多孔性的驳岸，结合孔隙内种植植物，达到高效固岸目的的驳岸形式。工程材料驳岸基本能保持自然岸线的通透性及水陆之间的生物联系，具有岸栖生物的生长环境，通过水陆结合的绿化种植，达到比较自然的景观和生态功能。这种驳岸可应用于河水流速快且对河岸冲刷破坏作用强的水位变动频繁的河段区。

五、居住区环境景观可持续设计中的材料策略

景观设计中不可避免地要使用建筑材料，对于景观而言，材料除了实用功能外还具有观赏和经济的功能。在过去的几个世纪里，人们疯狂地开发能源，消耗了大量的建筑材料。目前，人们逐渐意识到无节制开发利用资源的危害性，也领悟到合理利用现有资源的重要性。建筑材料的合理使用可以使设计更为节能、生态、可持续。

在可持续景观设计中，材料的使用策略应该从传统的线性模式转换到循环利用模式。因此，建筑材料的选择和运用要注意以下几个方面：保护自然资源，尤其是目前短缺的自然资源；节约使用甚至不使用不可再生的资源，尽量使用可循环再生利用的资源；减少建筑活动中能源的消耗；降低甚至避免建设过程中废弃物的排放，或者排放的废弃物是可被循环利用的。

将材料的应用策略具体到居住区景观设计中，例如，在建设休息亭、观景平台、桌凳等服务设施时，应尽量考虑选用可循环再利用的材料，或是对废旧材料再利用，还应考虑在这些服务设施的使用寿命结束后材料的回收再利用问题。实际上，我们可以将这些服务设施设计成由若干个组件组合而成的产品，像由各零部件组合而成的机器一样。具有良好拆卸性能的服务设施不但日后维修、保养方便省力，节约时间和经费，而且更有利于产品寿命终止后材料的回收再利用。拆卸是产品回收和再利用的前提，无法拆卸的产品既谈不上有效回收，更谈不上重新利用。另外，在景观设计中，可以使用能循环利用的铺装材料（石材、铺砖、圆木或铺路石等），还有许多特殊的材

料也可以加以考虑利用，比如玻璃、遗弃的铁路枕木，甚至是废钢材。

（一）使用可循环的材料

可再循环的材料包括天然材料（如原木、竹、农作物秸秆材料、生土、石等，这些材料具有强烈的地域特点）和二次加工材料（包括纸、竹胶合板等，需要由原材料加工而成的材料）。这些材料的特征是在废弃后可进行再加工或被自然界微生物降解成水、二氧化碳和其他小分子，可再循环的材料是可持续景观设计的理想建材。

1. 木材

木材是景观设计中的常用建筑材料，许多优秀的建筑和装饰作品都与之相关。树木生长时进行光合作用，吸收二氧化碳放出氧气，成材后被人们所使用，以它制成的建筑或小品废弃后能被微生物分解，这时吸收的二氧化碳返回到自然界中，或者被再次利用，而且旧木板在经历风吹日晒后呈现出与新木料不同的美感。可见在木材的获取、制造、运输和供应中需要的能量最小，对环境带来的负荷最小，还可缓解温室效应。但因我国森林资源匮乏，要以不足世界 5 % 的森林资源，满足占世界 20 % 人口的木材需求，同时还要保障世界 7 % 耕地的生态安全。所以需要加强对森林的管理和木材认证制度的执行，即保证其开采和再生是在平衡的前提下使用木材。

建筑工地残留的材料、老房子里厚实的横梁、工厂的旧地板和废弃的铁轨枕木，这些旧木板中蕴含的内容相当丰富，运用独到的眼光审视旧木料的形状和纹理，将废旧木料进行二次利用，可制成雕塑等景观小品，这是一个激发个人创造潜能的过程。

树木的死干、枯枝等，往往被丢弃、焚烧、掩埋，这样的做法都没有发挥出它们最大的用处。其实，如果我们能够结合艺术的处理手法，对枯枝树皮等好好加以利用，也可以构筑独特的景观。如高大乔木粗壮的死干在去除小枝后，可以营造枯木景观。

2. 秸秆材料

较木材而言，秸秆类材料储量丰富，仅我国秸秆年产量就有 6 亿多吨。

此外，相对于木材 10 年的成材期和竹材 3 年的成材期，秸秆类材料成材期不到 1 年，是一种非常廉价的生态友好型材料。因此发展农作物秸秆材料产业，对解决我国木材原料供应不足的问题具有重要的现实意义。

秸秆材料的主要原材包括：稻草秆、麦秆、玉米秆、蔗渣等农作物废弃物，这些农作物废弃物在经过粉碎、添加黏合剂、热压等工艺处理后，使用生物黏合剂的秸秆材料可以达到零污染，并具有抗折性高、隔温隔音效果好、防火性能佳等优势。

秸秆类材料最早的研发和应用是在建筑板材行业，随后扩展到家具、包装等领域，如秸秆包装材料、将秸秆与可降解塑料复合制成各种形状的轻质包装填料、秸秆模压制品（如桌面、凳面、托盘、家具构件）等。在景观设计中，可以利用秸秆材料制成的板材代替木材、竹材铺装，用于露台、亲水平台及休息区域。设计师还可以利用秸秆材料进行景观小品的创新设计。

此外，植物的枯枝、落叶和树皮等，最终都可以被降解成腐殖质，还可以作为其他植物所需的肥料。因此，我们应该大力提倡，将植物的落叶及树皮收集之后，埋在树木的周边，作为树木的肥料，这样不仅减少了人工施肥的次数，降低了资金投入，还遮盖了裸露的土壤，美化了环境。树皮还可以作为道路铺装的面层材料，不仅与周围环境相得益彰，还因其良好的透水性而有利于生态环境。

（二）使用原产材料

使用原产材料首先可减少运输带来的能源消耗；其次，材料的传统工艺做法在生产过程中使用了对环境污染比较小的方式；最后，地方原产材料往往能突出景观的地方特色，形成富有区域特点的景观设计。

（三）使用利废环保型材料

利废环保型材料的整个生产过程都考虑了对环境的保护，从将生产、生活中产生的废弃物作为主要原料，到在加工的过程中采用新工艺、新设备进行清洁生产，整个过程不仅是对不可再生资源的节约，还对环境无害。如生态水泥。生态水泥是利用各种废弃物包括各种工业废料废渣以及城市生活垃圾作为原材料制造的水泥。生态水泥有广义和狭义之分：狭义的生态水泥指以城市垃圾废弃物焚烧灰为主要原料，以必要的下水道污泥作为熟料，外加其他生产辅助原料制成的新型水泥。每生产 1 t 这种水泥，至少要采用上述废弃物 500 kg。广义的生态水泥指凡是相对于传统水泥，其生产过程能耗减少、废气和粉尘排放减少、节约勃土和石灰石等原料、利用城市垃圾或者工业废料的水泥。

（四）使用净化型材料

净化型材料是指能分离、分解或吸收废气、废液的材料。其在具备常备的使用功能的同时，可促进人体健康，具有良好的安全性与舒适性。如能除臭、清洁空气与水、灭菌、消毒、防霉、能吸附或能处理有害气体、屏蔽电磁波及射线的辐射、可替代石棉纤维一类的高性能纤维材料及制品。净化型材料是对健康有益的建材。

（五）使用生命周期长的材料、耐久性材料

建材生命周期的长短是景观设计中应该得到重视的问题。显而易见，使用生命周期长的材料、耐久性材料，可以最终降低园林中材料的耗损速度，减少以后的人工管理和维护，减少园林建设项目中的维护管理费用，从而提高资源利用率，减少对环境的负面影响。

如玻璃纤维增强水泥是由抗碱玻璃纤维、石英砂和高强度水泥按规定配比使用模具喷射或搅拌制作而成的新型无机复合材料。这种复合材料可以用于制作景墙、假山、雕塑、花坛、喷泉等景观小品。这些产品具有重量轻、强度高、寿命长、安装方便等优势。由于自然界中有艺术观赏价值的大型山石是有限的，并且价格昂贵，大量地开山取石造景不仅会造成自然生态的破坏，而且在运输过程中所消耗的能源也增加了成本；因此，使用玻璃纤维增强水泥取代天然石材，可减少对矿产的开采，保护生态环境，降低建设成本。

（六）使用透水性铺装材料

居住区其他地方的铺装材料在满足其功能的前提下，也应尽量采用生态

环保型透水性铺装材料，如透水性沥青铺装、透水性混凝土铺装和透水性地砖，较少采用花岗岩等不环保的铺装材料，减少硬化面积，减少地表径流量。由于具有良好的环境效益，生态透水性铺装日益受到人们的重视。与传统非透水性铺装相比，生态透水性铺装具有以下四个优点。

首先，生态透水性铺装可以保护地下水资源。雨水通过生态透水性铺装与铺装下犁底层相通的渗水路径直接渗入下部土壤，有效缓解了城市不透水硬化地面对城市水资源的负面影响。

其次，生态透水性铺装有助于生物生长环境的改善。生态透水性铺装具有良好的渗水性及保湿性，其提高了土壤持水率，降低了土壤温度，使土壤养分的利用率得到提高，有效保护了地面下各种生物的生存空间，体现了“与环境共生”的可持续发展观。

再次，生态透水性铺装能够调节地面温度。生态透水性铺装由于自身及下部透水垫层的多孔构造，雨过天晴后，铺层下的水分蒸发吸热，使地表温度下降，起到了调节地面温度的作用。

最后，生态透水性铺装具有防涝的作用。由于自身良好的透水性能，生态透水性铺装地面可以有效地缓解城市排水系统的泄洪压力，特别是对洪涝灾害频繁的城市，具有积极的意义。

（七）材料的再利用

材料的再利用是指不改变物质的原有物态直接再利用，主要是指重复使用一切可以利用的构筑物及构件、木制品或砖石等具有重复可能性的被废弃的材料。这种再利用的设计不改变材料的物理性能，没有化学变化的过程，对环境不产生二次污染，受技术因素的影响较弱，再利用工序简单、成本投入较低而且见效快。

景观设计中的硬质铺装材料如石材、木材、面砖等都可以进行再利用，除此之外，可以对一些特殊材料的再利用加以考虑，比如遗弃的铁路枕木、玻璃碎片，甚至是废钢材。这些材料在经历了日晒风吹之后要比刚出厂时更具魅力。

（八）材料的再生利用

材料的再生利用是指通过物理、化学方法改变材料原有的物质形态进而生产成为另一种材料，这些材料可以通过不同形式或不同途径被再次使用。典型的如工业废渣、建筑废弃物、农业剩余物的再生利用，通过物理或化学的方法解体，做成其他建筑用料，需要较多的能量输入。

（九）节约使用材料

面对人口、资源、环境各方面的压力，人类亟须协调资源与环境的关系，节约是必须采取的生产、生活方式。基于这个观点，在景观设计过程中，设计师应从量上和使用方法上节约材料，尽量少用非常规材料和非常规尺寸，减少材料损耗，大力提倡通过生态设计的方式来实现节约型园林建设。

总之，景观设计中建材的可持续使用是可持续景观设计技术的重要组成部分，意在尽量减少不可再生能源的消耗和对有限资源的再生利用及循环使用。在整个设计过程中减少对生态环境的污染，在材料的整个生命周期中（包括材料的原料获取、制造、使用、废弃、再利用）都考虑了与环境的协调共存。从严格意义上讲，在材料的使用过程中，既体现出材料的使用功能，同时又对自然环境不产生任何负面影响，这几乎是不可能的。景观设计中建材生产利用的理想状态应是生产过程中对环境的污染程度轻微，排放的废弃物可循环利用，拆除的构筑物、建筑物材料可回收，形成一个环形的应用路线，而不应是一条从自然界攫取矿物等资源，在生产加工过程中向自然界排放废渣、废液、废气，产品到了使用期限后成为“废品”，直接弃之自然界的单向线路。

第四章　可持续设计理念融入建筑设计的创新路径

第一节　建筑设计概述

一、什么是建筑

（一）建筑的词义

说起建筑，一般人就会说是“房子”。当你说自己是建筑学专业时，亲戚、朋友、同学与你谈论时就可能说，你以后是“盖房子的”。这不能说全错，但也不是全对，这是因为我们参与的并不是“盖房子”，而是其过程中的一个部分——设计与规划。也有一部分人会说，你们是画外观的，这是因为他们认为学习建筑需要有一定的美术基础，但这也不是建筑的全部，更不要说是建筑的本质了。那么什么是建筑呢？在了解建筑学之前，我们可以先理解两个英文单词的词义，一个是“architecture”，一个是“building”，前者是建筑学，后者是建筑物。我们通常讲的建筑，特别是专业上讲的建筑，实际上是建筑学。

（二）建筑观

建筑作为一种实践活动，贯穿了人类的整个历史。但是建筑作为一门学科单独存在的时间却不超过两个世纪。它是一个古老而又年轻的新型学科，这个学科从它诞生起就一直受到自然与社会的挑战。

从古至今对建筑的认识可以分为三个时期。早期是以美学为基础的古典建筑观。人们认为建筑是艺术和技术的结合，并把艺术放在首位，甚至认为建筑就是一门艺术。随着工业革命的开始，人们对建筑的认识有了进一步的理解，并且提出了很多新的需求，即新的功能，又产生了许多新的技术手段。在当时的工业社会中，所有产品都经过机械加工，按照一个标准化的生产过程，除去不必要的装饰，以产品功能为首要目标，并因此而产生一种独特的机械美和机能美，因此产生了现代建筑观。从 20 世纪 20 年代开始，这种现代主义建筑观逐渐传遍全世界。而随着工业文明的发展，自然环境遭到严重破坏，人类的生活环境受到严重污染，人们开始意识到保护环境与生态的重要性，由此提出了以生态环境为基础的生态建筑。

（三）建筑的起源

建筑的产生最早是由于人们需要躲避恶劣的气候环境以及防御猛兽。为了生存，人们用石块、泥土、树枝等建造庇护场所，这一行为可以看作最早的建筑活动。

随着社会的不断发展，逐渐产生了国家与阶级，人们的活动变得日益丰富与复杂，逐渐出现了宗教、祭祀等公共活动，随之产生了各种建筑类型，如中国古代的宫殿，西方的剧场、神庙等。

（四）建筑的特性

建筑的目的在于为人们各种类型的活动提供相应的环境。人们对建筑有着功能与审美的要求，也就是要求建筑具备实际功能的同时，还要尽可能美观。

建筑和艺术相互关联，但建筑又并非纯粹的艺术，它还具有很强的实用性。建筑的发展不仅受到艺术的影响，同时也受到时代、社会与文化的影响。

（五）建筑的类型

随着社会的发展，人们的生活需求日益丰富，因此产生了各种不同功能类型的建筑物。按照不同的使用功能，可将其分为三大类：农业建筑、工业建筑与民用建筑。其中农业建筑包括养殖场、食品加工厂等；工业建筑包括机械工业建筑、化学工业建筑、冶金工业建筑、建材工业建筑、电力工业建筑、纺织工业建筑、食品工业建筑等；民用建筑包括公共建筑（办公建筑、商业建筑、医疗建筑、通信建筑、教育建筑等）和居住建筑（宿舍、住宅、别墅等）。

二、建筑设计概况

（一）建筑设计的定义

设计指为了达成某个目的，根据限定的条件，制定实现目的的某种方法，以及最终确认结果的步骤。建筑设计是指为满足一定的建造目的而进行的设计。

（二）建筑设计的特征

根据建筑设计的性质，其特征可分为以下四点：创造性、协作性、生活性和综合性。

1. 创造性

建筑设计是一种以技术为主的创造活动。建筑需要具备实用功能，而实现这一功能则需要一定的技术手段。同时建筑设计也是人们日常生活中接触的视觉艺术的一种。建筑设计源自生活，而创造性是设计活动的主要特点，其核心内容就是审美和艺术的表达，甚至可以说在某种程度上超过了功能的使用。

2. 协作性

建筑设计是典型的团队合作活动。当今社会的建筑规模日益扩大，功能逐渐趋于综合性与多样性。随着科学技术的发展，建筑分工逐渐细化，建筑设计形成了一种团队协作的方式，建筑师在设计活动中必须与其他专业的工程师密切配合才能顺利地完成设计工作。

3. 生活性

建筑设计是追求平衡协调的生活性活动。建筑设计的水平首先取决于建筑师的个人因素，如生活背景、审美爱好、思想与价值取向等，这些都会对建筑设计造成影响。其次，客户的性格、爱好也是影响建筑设计的另一个因素。因此我们说建筑设计是生活性的活动，建筑师必须协调各方面矛盾，找到社会经济与个性创作的平衡点，满足多元化的要求。

4. 综合性

建筑设计是一门综合性的学科。建筑设计涉及多个学科的知识，是多种学科的综合应用，因此要求建筑师既要具备艺术文化、心理学的人文修养，也要具备材料构造、建筑物理等技术知识。

三、当代建筑设计流派和趋势

（一）当代建筑设计流派概述

建筑作为一种文化形式，其发展的历史就是建筑师不断探索创新的过程。随着社会的不断发展，建筑逐渐显示出其本身的复杂性和生命力，因此产生了纷繁的建筑流派，而这些建筑流派见证了建筑发展史的兴衰起伏。从早期的古典主义到现代主义，再到晚期的后现代主义及解构主义等，这些建筑流派的出现与发展体现了社会发展中各种思想的碰撞。

在这里，我们将介绍现代主义建筑、晚期现代主义建筑、后现代主义建筑与解构主义建筑四个建筑流派。

1. 现代主义建筑

20 世纪 30 年代，随着现代工业的发展，为了满足社会需求，出现了追求理性，注重功能的现代主义思想。现代主义建筑强调工业价值观，主张建筑要体现工业时代的特点，注重建筑的实用性，并且摒弃了传统建筑风格。

2. 晚期现代主义建筑

晚期现代主义建筑延续了现代主义建筑的理论与风格，但在其形式上进行了改良与创造，在历史文化等方面寻求新的灵感。晚期现代主义强调建筑的理性与逻辑性，重视隐喻和象征手法的运用，建筑物的结构与形象夸张，力求使建筑具有娱乐感或审美的愉悦。晚期现代主义往往过分强调细部结构和某种感官形象，它将技术因素变为刻意的装饰因素，形成了一种“超现实”风格。

3. 后现代主义建筑

20 世纪 60 年代出现的后现代主义建筑是以反对现代主义建筑的纯粹性和无装饰性为目的，以折中主义、符号主义和大众化的装饰风格为主要特征的建筑思潮。后现代主义以绚丽的色彩、复杂的装饰试图改变现代主义建筑风格。

4. 解构主义建筑

解构主义建筑是在 20 世纪 80 年代晚期兴起的。它的特别之处为破碎的想法、非线性设计的过程，在结构的表面和明显非欧几里得几何上下功夫，形成在建筑学设计原则上的变形与移位。解构的目的是结构的分解重构，强调结构的建构性。解构主义建筑打破了传统的整体秩序观念，转而强调变化与随机的统一，运用分解、重组、断裂、离散等非常规的创作手法来质疑传统的建筑形式、秩序和空间。

（二）当代建筑设计趋势

当今社会的建筑创作并没有绝对的主流，而是呈现出一种多元化的发展格局，各种新颖的设计理念层出不穷。其中人性化与感情化、信息化与智能化、民族性、综合性、可持续发展是当今建筑设计发展的新趋势。

1. 人性化与感情化

当代社会，人们不再满足于物质丰富的要求，而是迫切地表现出对密集生活领域的回避和对舒适健康生活环境的追求。而人性化的设计理念就是力图实现人与建筑的和谐共存，强调建筑对人类生理层次的关怀，让人具有舒适感；也强调了建筑对人类心理层次的关怀，让人具有亲切感。“以人为本”实际上就是从人的行为方式出发，体谅人的情感，实现人类对自身满足感的追求。人性化的理念贯穿建筑的设计过程以及使用过程，包括建筑外部空间环境的愉悦性与舒适性，还包括建筑内部的开放性以及在空间设计中表达出对特殊群体（如行动不便者、老人、孕妇、儿童等）的人性化关怀。

2. 信息化与智能化

随着新技术的推广与发展，人类产生了新的生活方式、思维模式与价值观念。现代通信技术的成熟和网络技术的普及使得人们的交往和工作都可以在网络上进行。人们通过网络体验的不仅是对现实的模拟与反映，还是一种全新的、独特的、无形的现实。信息化和智能化完全改变了传统的工作模式，建筑与信息技术的结合成为必然趋势。

3. 民族性

在全球化背景下，各国文化趋同现象日益严重。民族文化和地方特色正逐渐被全球化浪潮吞噬，人们强烈地意识到保护地域文化多样性的重要性与迫切性。建造具有地方特色的城市和建筑，有助于让人们获得归属感和荣誉感。

4. 综合性

城市是一个具有增长性的复杂系统。如今在城市中已经很少能见到单一功能的建筑了，大多数城市广场与街道空间均具有综合性的功能。仅从建筑功能来看，当前的趋势是向多元综合功能方向发展，将原来分散的建筑功能集中于一个混合型建筑，由此出现了越来越多的大型、巨型城市综合体。

5. 可持续发展

工业文明带来全球环境污染、能源短缺、生态失衡等现实问题，为应对此类问题，生态与可持续发展理念已成为当代城市与建筑发展的潮流。生态化与可持续发展设计源于对环境的关注和对资源的高效利用，具体表现为：对自然的索取少，对自然环境的负面影响小；尽量采用无公害、无污染、可再生的建筑材料；研究能量循环途径的技术和措施，充分利用太阳能、风能等可再生能源，反对滥用非再生能源；注重自然通风、自然采光与遮阳；为改善小气候采用多种绿化手段，为增强空间适应性采用大跨度轻型结构；循环利用水资源；注重垃圾分类处理及充分利用建筑废弃物；等等。

四、建筑设计图示的认识与表达

一般说来，在设计中文字是重要的表达工具。然而在建筑设计领域中，文字在表述具体形式细节时有局限性，因此建筑设计中主要的表达工具不是文字而是各种可视化的媒介。常见的可视化媒介就是图示，如人们熟悉的建筑平面图和立面图；而最直观的可视化媒介是建筑的模型，如中国传统木结构建筑的交接比较复杂，此时建筑模型能清楚地表达图示难以表达的关系。

（一）建筑设计图示的认识与表达

1. 建筑图示的意义

图示是一种交流工具，与数学中的算式一样。对于建筑学来说，图示在建筑学科中无法用其他任何一种方式替代，因此，我们通常称图示为图示语言。

2. 建筑图示的分类

图示按照表达功能的不同有多种类别，例如，表达空间的平面图与剖面图，表达建筑形体关系的轴测图，表达建筑形式的透视图和立面图以及建筑构思与分析图，等等。

3. 建筑图示的方式

建筑图示的方式分为三种：徒手制图、工具制图和计算机制图。其中工具制图是指用直尺、三角尺和丁字尺制图。画图时需要精确的数值，因此在没有计算机的年代，用工具制图是表达准确性的重要手段，也是建筑师需要掌握的重要技能。如今计算机制图已经普及，工具制图已经逐渐被淘汰。然而由于计算机的制图空间是虚拟空间，它的依据依然是经典的工具制图标准，因此对于初学者来说，仍然有必要学习工具制图的方法，以便更好地打下基础。

4. 建筑图示的比例

建筑图示最重要的就是比例，它需要根据实物大小按比例缩小才能绘制出来，因此比例尺几乎是建筑师每天都要使用的工具。对于初学者来说，从一开始就需要对比例尺有正确的认识。在多年的实践中，建筑专业内部已经形成了约定俗成的比例规范。

对于初学者来说，比例尺不仅仅是表达的工具，同时也是学习设计的工具。比如当使用 1∶200 的比例尺绘图时，可以方便地思考抽象空间的问题，但是很难讨论建筑的质感及材料的问题，或者说很难意识到这个问题，因此学会掌握比例尺的运用有助于引导自己在建筑设计方面的深入发展。

由于建筑师的工作大部分是设计，他们大部分时间都在面对比例缩小的建筑。因此，在学会使用比例尺的同时，必须意识到图纸与现实之间的差距。对于初学者来说，在学会用缩小比例尺的图示做建筑设计时，往往会将图纸上的建筑和真实的建筑混为一谈，忽略了真实的建筑。因此，建筑师应该更多地关注现实生活，注意体验实际建筑物与建筑图纸的差距，有意识地培养自己的能力。

（二）建筑设计的模型表达

建筑模型是用一个缩小或者简化的三维物体表达另一个真实的三维物体，是所有表达中最为直接的一种方式。因此对于初学者来说，用模型表达建筑比用图纸表达要更容易理解。最早在建筑领域中使用的是实体模型，它不仅可以用来表达建筑，并且可以用于指导建筑施工。比如中国传统的建筑，先由大师根据建筑设计制作小比例的建筑模型，工匠们再依据模型的构件进行建造。在建筑设计的过程中，大多数的建筑师都是通过模型来研究复杂建筑的空间与形体。

尽管模型比较直观，但由于比例的差异，模型在某种程度上仍然不能满足设计研究的需要，而这个不足则在当今社会被计算机的虚拟模型所弥补。在实际使用中，虚拟模型可以模拟静态和动态的真实场景，在专业人员和非专业人员之间建立了有效的沟通途径。虚拟模型的表达技术不仅可以帮助设计者理解自己的设计，还可以作为辅助设计研究的工具。如在虚拟空间中，模型可以很方便地拆卸或者组装，便于分析建筑设计的空间和形体。将虚拟模型和实体模型结合，对初学者来说非常重要。

（三）建筑图示与文本表达

1. 概述

建筑设计的表达除了建筑图示与建筑模型，还有成果的展示。建筑设计的成果必须得到建设方、城市规划部门甚至普通民众的认可方可实施，因此建筑师必须具有一定的表达技能。表达技能包括建筑图的展示、文字表达与文本制作。

2. 内容

图纸的展示要点是主题与表达相匹配。建筑方案的文本虽然以图片为主，但是此时图纸的意义就是建筑的图示语言。因此，图纸要像写作中组织语言文字一样，既要讲究段落结构，也要讲究语言优美。从结构方面来说，建筑文本的第一部分通常是讲述设计项目的需求、设计条件的优劣分析以及设计的解决方案；第二部分讲述场地问题和解决方法，该部分最重要的是建筑的总平面图以及相关的分析图；第三部分分点讲述设计方案，即建筑的平面图、立面图和剖面图等。如果有必要，还需增加相应的节点说明和建筑建成后的效果图。

建筑文本的特殊性在于它的核心是图示语言，但并不代表图示语言就是全部的表达内容。文字在建筑文本中同样具有非常重要的作用，文字准确简练是其在建筑文本中最基本的要求。

文本的制作相当于书籍的排版工作，然而建筑文本的制作往往比一般书籍的排版更为重要。一个好的文本不仅要完成解读设计重点的任务，还要给阅读文本的人带来美的享受。

第二节　可持续建筑的理论基础

一、可持续建筑的必要性

（一）环境方面的影响

1. 全球性环境的影响

建筑对室外环境的影响体现在酸雨的形成、臭氧层的破坏、全球气候变暖、生物多样性锐减以及生态破坏、沙漠化、淡水资源污染、土地资源污染、有毒化学品污染和危险废物越界转移等。而其中的全球气候变暖与臭氧层破坏成为与建筑密切相关的全球性环境问题。

温室气体是人类肆意挥霍能源而产生的副产品。矿物燃料产生的能源，先被用来生产建筑材料；然后在建造过程中被消耗；最后在房屋漫长的寿命周期中，被房屋的居住者所消耗。而这些矿物燃料的消耗，正是大量二氧化碳的主要来源。在温室气体中，尽管二氧化碳不是最有害的，但其排放量却是最多的。人类活动引发气候变化，因此开始要求人们在建筑设计、施工过程方面做出相应的变化，并且改建现有建筑，减少能源消耗进而减少温室气体的排放。

建筑中的制冷系统和消防系统会消耗大量的氯氟烃类物质，这类物质是地球臭氧层破坏的主要因素。蒙特利尔议定书的签订为淘汰氯氟烃创造了条件。

2. 区域环境的影响

建筑行业排放的大气、水和固体废弃物在全社会的排放中占有相当大的比例。能源消耗会导致各种废气的排放，建筑物投入使用过程中会产生大量的生活污水和大量的生活垃圾，建筑物建造过程中会产生大量建筑垃圾，包括砖、瓦、混凝土碎块等。

废水和固体废弃物等都是未被利用的资源，或许还有一些现在的技术无法利用及利用不经济的资源。尽量减少废弃物的产生，同时尽量循环回收和利用废弃物，是从事建筑领域的科研人员的神圣使命。

（二）资源方面的影响

自然资源指天然存在并有利用价值的自然物（不包括人类加工制造的原材料），如土地、矿藏、水利、生物、气候、海洋等资源，是生产的原料来源和布局场所。联合国环境规划署对自然资源的定义为：在一定的时间和技术条件下，能够产生经济价值，提高人类当前和未来福利的自然环境因素的总称。自然资源按其增值性能分类，分为可再生资源、可更新资源与不可再生资源。按其属性分类，分为生物资源、农业资源、森林资源、国土资源、矿产资源、海洋资源、气象资源、能源资源、水资源等。从数量变化的角度分类，分为耗竭性自然资源、稳定性自然资源与流动性自然资源。

（三）文化方面的影响

城市建筑是城市文化的重要组成部分，建筑是城市文化的具体表现形式和重要载体，它能反映出城市特有的文化特征。在建筑体现城市文化特征的同时，建筑本身就是文化的重要组成部分。城市文化是城市的特色、城市的灵魂，城市文化的地域性特色主要通过城市建筑来反映出城市间的区别。建筑把城市的历史和文化特征汇集到城市建筑中，呈现给人们不同的城市形象，并影响现代城市的文化与居民的审美和价值观。

（四）社会经济方面的影响

当前中国正在逐步进入消费社会，社会经济的迅速转型带来社会领域各方面的转变。消费社会是一个消费主导型的社会，一方面，消费社会的商品化和市场化程度不断加深；另一方面，刺激消费成为推动社会经济持续增长的重要手段，人们的消费观念、审美情趣、生活方式发生了转变。在建筑领域，城市开发、形象工程、标志性建筑、时尚建筑等成为当今中国建筑的关键词。消费社会的出现给中国建筑带来了发展的机遇，同时也使中国建筑面临着许多困境与挑战。

二、可持续建筑设计与技术

（一）可持续建筑的发展历程

可持续建筑涉及诸多方面的理论和技术，真正实现建筑的可持续发展是一个漫长而艰巨的过程。随着人类生产、生活水平的提高，可持续建筑的发展，需要从理论研究、建筑设计、建筑科学、能源应用等多方面入手，逐渐形成一个有组织的完整系统。可持续建筑在欧洲、亚洲均有着悠久的历史，构成了人类文明的重要组成部分。

1. 可持续发展在亚洲

在亚洲，特别是在古代中国，人们追求“天人合一”的建筑理念。在日本，由于大部分地区气候温和、雨量充沛、盛产木材，因此木架草顶是日本建筑的传统形式。房屋采用开敞式布局，将地板架空，使居室小巧精致。可以说，亚洲各国的建筑不同程度地体现了人与自然、人与环境的和谐统一。

2. 可持续发展在欧美

19 世纪中叶，约翰·罗斯金（以下简称“罗斯金”）、威廉·莫里斯（以下简称“莫里斯”）和理查德·莱德比（以下简称“莱德比”）均以各自不同的方式对工业化将会满足人类物质精神需要的假设提出了质疑。罗斯金在《建筑的七盏明灯》中提倡仿效和谐的自然秩序，莫里斯号召一种乡村自给自足系统的回归与地方手工艺技术的复苏，而莱德比则倡导建筑师对自然美的认识。他们说的“自然秩序”正是今天我们提出的“可持续发展”的理念，这便是产生于 19 世纪的可持续发展设计运动的萌芽。

苏格兰的帕迪·盖兹（以下简称“盖兹”）、美国的巴克明斯特·富勒（以下简称“富勒”）和弗兰克·劳埃德·赖特（以下简称“赖特”）、埃及的哈桑·法蒂（以下简称“法蒂”）以及当代英国的理查德·罗杰斯（以下简称“罗杰斯”）和诺曼·福斯特（以下简称“福斯特”）均继承和发展了以上三位先驱者的思想，然而他们对“自然”的响应又各不相同。日益严峻的全球变暖问题使“自然”的概念被低能耗设计所替代。罗杰斯和福斯特设计了新型低能耗的办公室、学校，甚至机场的候机大厅。这是对 20 世纪设计的反思，并趋向于广泛改善城市地区的环境状况。在气候温和的城市中应用玻璃或塑料雨棚进行保暖御寒便体现了这一设计观念。盖兹和富勒提出在城市种植农作物，以便人们更直接地去亲近自然。法蒂和赖特则有不同的见解：他们力图使用当地的材料和建造工艺创造出不同于地方建筑传统的现代建筑。在这个过程中，他们提出了新的理念——社会可持续发展与生态学的紧密结合。

西方国家倾向于“度量”可持续发展，而东方国家则倾向于单纯“感受”。近现代以来，西方发达国家的大多数建筑师和工程师认同可持续发展理论并确定了相关的指标体系。但颇具讽刺意味的是，这些高呼可持续发展的国家，达到了较高的社会经济发展水平，因此他们事实上采用着过高的生活标准，浪费着地球的能源和资源。与西方国家相比，许多尚未有意识地提倡可持续发展的亚洲和非洲国家，由于习惯于类似“天人合一”的观念，并且处于较低的社会经济发展水平，因此所采用的成功的绿色实践往往是对自然环境的适应过程，因而对环境影响很小。由此可以概括地说，以西方国家为主的发达国家通过低能耗、新材料等高科技手段实现生态设计，而以亚洲、非洲国家为主的发展中国家通过被动技术或适宜技术进行绿色实践。

3. 当代设计中的可持续发展观念

历史为我们提供了有价值的经验，告诉我们要将当今的可持续发展置于一个更加宽广的社会和文化背景之下。“绿色建筑”不仅基于健康环保、低碳节能，还重在可持续发展的理念逐步深入人心，并且正在改变建筑产业全行业和房地产行业的发展格局。在建筑领域，可持续发展不仅对国家发展低碳绿色经济、实现节能减排发展目标具有重要意义，还对科研能力的提高起到了推动作用。使传统的建筑向绿色低碳建筑转型，实现建筑业对环境的低碳排放、低污染、低负荷影响，是国际建筑行业的主流趋势，也是我国建筑业可持续发展的必经之路。科学的理念应该包括：可持续理念，即发展满足当代人需要，又不影响后代人满足自身需要能力的循环理念，使得建筑材料、能源、水、消费品等实现循环再利用或回归大自然；全寿命理念，即对从场地选择、规划设计、施工、使用到拆除的全过程，进行成本效益分析；生态理念，即保护生物多样性；低碳理念，即节能减排；“三最理念”，即资源利用效率最高、对环境影响最小和对生物种群最好。运用这些理念，运用适宜技术，尽可能实现自然采光、通风，同时要立足于地域现状，设计和发展适宜的可持续建筑。

（二）可持续建筑理论

1. 生态建筑

生态建筑是根据当地的自然生态环境，运用生态学、建筑技术科学的基本原理和现代科学技术手段等，合理安排并组织建筑与其他相关因素之间的关系，使建筑和环境成为一个有机的结合体，同时具有良好的室内气候条件和较强的生物气候调节能力，以满足人们居住生活环境的舒适，使人、建筑与自然生态环境之间形成一个良性循环系统。

2. 绿色建筑

绿色建筑是指在建筑的全寿命周期内，最大限度地节约资源（节能、节地、节水、节材）、保护环境和减少污染，为人们提供健康、适用和高效的使用空间，与自然和谐的建筑。

3. 节能建筑

节能建筑是指遵循气候设计和节能的基本方法，对建筑规划分区、群体和单体、建筑朝向、间距、太阳辐射、风向以及外部空间环境进行研究后，设计出的低能耗建筑。

4. 太阳能建筑

太阳能建筑是利用太阳能供暖和制冷的建筑。在建筑中应用太阳能供暖、制冷，不但可节省大量电力、煤炭等能源，而且不污染环境，在年日照时间长、空气洁净度高、阳光充足而缺乏其他能源的地区，采用太阳能供暖、制冷，尤为有利。目前，太阳能建筑还存在投资大、回收年限长等问题。

5. 智能建筑

智能建筑是通过将建筑物的结构、系统、服务和管理四项基本要求以及它们的内在关系进行优化，来提供一种投资合理，具有高效、舒适和便利环境的建筑物。

（三）可持续建筑存在的问题

在大力倡导可持续建筑的政策下，世界各国争先发展可持续建筑，这种潮流必然会导致一些不良的后果。

①为满足某一项单独的指标而忽略整体的建筑节能水平。如遇到开发策略性问题，很多时候是为了节约用地，见缝插针式的开发使得建筑的使用质量下降，环境遭到破坏。

②建筑设计内在的价值体现不足。随着市场经济的迅猛发展，市场经

济与建筑设计理论之间的分歧也越来越大，大部分建筑师根本没有清醒地认识自身的价值和社会责任，对所承揽的建筑设计也没有充分重视，设计深度不够。

③建筑风格与社会风俗不符。建筑设计师更多地专注于功能性设计，并未融合更多的社会因素和人文因素，导致可持续建筑缺乏生气，使得建筑机械化、商业化。

第三节　可持续建筑设计方法

一、可持续建筑设计的原则

可持续建筑除了要考虑场地，还要在初期考虑可持续建筑设计。可持续建筑是指建筑设计、建造、使用中充分考虑环境保护的要求，把建筑物与种植业、养殖业、能源、美学、高新技术等紧密地结合起来，在有效满足各种实用功能的同时，能够有益于使用者的健康，并创造符合环境保护要求的工作和生活空间结构。可持续建筑是一种理念，它运用于建筑的设计、施工、运行管理、改造等各个环节，使建筑获得最大的经济效益和环境效益。

在进行可持续建筑的建筑设计时，首先，要确定建筑在环境保护方面所要达到的目标，并对目标有一个明确的理解；其次，可以通过图表等形式将目标的实施进程表示出来。传统建筑项目的实施过程包括设计、投标、建造和使用。传统建筑往往忽视建筑的位置、设计元素、能源和资源的制约、建筑体系以及建筑功能等因素之间的相互关系。而一个关注环境的设计程序应增加综合建筑设计、设计和施工队伍的合作以及环境设计准则的制定等要素。可持续建筑将通过一个集成设计方法，针对上述因素的相互作用、气候与建筑方位、昼光的利用等设计因素、建筑外表面与体系的选择以及经济准则和居住者的活动等诸多因素进行综合考虑。集成建筑设计是开发可持续建筑的基础，这种建筑是由相互协作且环境友好的产品、体系及设计元素构成的高效联合系统。简单叠加或重复系统不会产生最佳的运行效果或节约费用。相反，建筑设计者可以设计多种多样的建筑体系和元件作为结构中相互依存的部分，从而获得最有效的结果。

在设计中要考虑的基本原则有以下几点。

①资源经济和较低费用原则。

②生命期设计原则。

③宜人性设计原则。

④灵活性设计原则。

⑤传统性特色与现代技术相统一原则。

⑥建筑理论与环境科学相融合原则。

上述原则应贯穿整个设计过程，指导设计活动。

二、环境响应性场地设计

（一）概述

可持续场地设计的目的是通过调整场地和建筑使设计和施工策略形成有机整体，从而使人类获得更加舒适的生活环境和更高的使用效率。合理的场地规划具有指导性和战略性意义。它用图解的方式表示出某个场地利用的适当模式，同时结合可以最大限度地减少场地破坏、建设成本和建设资源的建造方法。

场地规划通过评估特定地形，以确定其最合适的用途，然后为此表明最合适的使用区域。一个理想的场地规划，在布置道路、安排建筑位置及相关用途时，应该利用从宏观环境中获得的场地数据和信息来进行。宏观环境包括该地区已有的历史和文化模式。

对建筑场地的选择，应从计算资源利用程度和已有自然系统的破坏程度开始。这些都是支持建筑开发所必需的。环保、健康的开发对场地的破坏应当尽可能小。因此，适合商业建筑的理想用地，应该位于已有商业环境中或与其相邻。建筑项目也应与物质运输、交通基础设施、市政设施和电信网络相关。合理的场地规划和建筑设计应该考虑在公用走廊中布置公共设施，或者选址时利用现有的公共设施网络。这种联合可以最大限度地减少场地破坏并便于建筑维修及检查。

建筑的使用、规模和结构系统影响其特定的场地要求和相关的环境，建筑特性、朝向及选址应结合场地进行考虑，这样，就可以确定合理的排水系统、循环模式、景观设计和其他场地开发特征。

（二）自然环境状况分析与评价

实现可持续场地设计面临的最大挑战是没有意识到大自然有很多可利用的资源。同时大自然也有很多值得我们学习的地方。如果将设计融入大自然，则空间将更加舒适、有吸引力、有效。理解自然系统和它们相互联系的方式，以便在工作中减少对环境的影响，这是非常重要的。像自然界一样，设计不应是精致的，而应一直进化并适应其与环境更加密切的相互作用。

1. 风

风的主要作用是冷却。例如，热带环境的季风通常从东南方向吹来，吹向西北方向。建筑的朝向和具有聚风作用的室外布置充分利用这种冷却风，便可以视其为天然的空调。

2. 太阳

阳光充足的地方，有必要在活动区域为人体的舒适和安全提供遮阴措施（比如小径、院子），最经济实用的方法是利用天然植被、斜坡或引入的遮阴结构。利用室内空间的自然采光和太阳能是节约能源和响应环保的重要考虑方案。

3. 降雨

即使在雨水充沛的热带雨林里，适于饮用的净水也会经常短缺。很多地方必须引入水资源，这极大地增加了能源消耗和运行成本，并使得水的补偿变得很重要。这时，雨水应当收集起来用于多种用途（如饮用、洗澡），并加以再利用（如冲厕所、洗衣服）；废水或已开发区域的过剩雨水应该排入渠道并采用合适的方式流出，使地下水得到补充；应减少对土壤和植被的破坏，确保土地开发远离地表径流，以保护环境和自然结构。

4. 地貌

在许多地区，平坦的土地是很宝贵的，应该留作农业使用，这样只能留出坡地来用于建筑。若采用创新的设计方案和合理的建造技术，斜坡并不是不可克服的场地不利因素。地貌可能造成建筑的竖向分层，并为独立建筑提供更多的私密性。地貌也可以通过改变亲密性或熟悉性来增强或改变参观者对场地的印象（如从一个峡谷走到山坡）。另外，保护当地的土壤和植被是需要认真对待的重要问题，增加人行道和休息点是解决这一问题的适当方案。

5. 水生生态系统

水生地区附近的开发必须以对敏感资源和方法的广泛了解为基础。大多数情况下，开发应着重于水生区域的保护，以降低间接的环境破坏。特别敏感的地点，如海滩，应予以保护，使其不受任何干扰。任何水生资源的收获都应通过可持续性的评估，且随后进行监测和调节。

6. 植被

外来植物种类，尽管可能是美丽的、吸引人的，但不见得适应并能维持本土生态系统的健康。脆弱的本土植物种类要加以确定和保护。原生植被应鼓励保持多样性，并保护天然植被生物的营养。开发中种植的本土植被与被破坏的原生植被的比例应为 2∶1。植被可以提高隐蔽性，可以用来制造“自然房间”，是遮阴的主要来源。植物也有助于保证景观的视觉完整性，并能自然地融入新开发地区的自然环境。某些情况下，植物可以在可持续的基础上提供促进粮食生产和其他有用产品的机会。

7. 视觉特征

自然景观应尽可能应用于设计中，应当避免制造视觉干扰（如道路阶段、公用设施等），小心控制外来干扰，利用本地建筑材料，将建筑物隐藏在植被中，根据地貌施工可以保持自然景观。在最初的时候减少建筑占地面积远比在完工后整治地块以减少视觉破坏要容易得多。

（三）场地整体布局设计

1. 建筑和场地朝向

①规划场地的空地和植被，充分利用太阳能和地形条件。

②规划建筑的正确朝向，在主动式和被动式太阳能系统中充分利用太阳能。

③根据不同的气候条件，最大限度地减少或利用太阳阴影。

2. 景观和自然资源的利用

①利用太阳能、空气流动、自然水源以及地形的隔热性能，进行建筑的温度控制。在寒冷的气候条件下，现有水源和地形可作为冬季的热汇资源，在炎热的气候条件下利用温差以产生凉爽的气流。现有的溪流和其他水资源可有助于场地的辐射冷却，表面的颜色和朝向可用来更好地反射太阳能。

②利用现有的植被来改善天气条件，为本土的野生动植物提供保护。植被在夏季时可以提供阴凉和蒸腾作用，在冬季可以防风。另外，植被可以为野生动植物提供天然的联系。

③设计道路、景观以及配套设施以使风朝向主要建筑，并为其降温；或使主要建筑避开风，以减少热量损失。

（四）场地建筑布局设计

应进行场地分析以确定影响建筑设计的场地特征。以下场地特征都是影响建筑设计的要素，包括：形式、形状、体积、材料、体形系数、道路和公共设施、朝向、地坪标高、地理纬度（太阳高度）和微气候因素；地形和相邻土地形式；地下水和地表水径流特征；太阳辐射；每年和每日的气流分布；周边开发和计划的未来开发。

（1）选址

应综合考虑自身建筑与周边自然环境（如植被、坡地、水面等）及已建成建筑之间的关系，利用有利条件，改善不利环境，在优化建筑周边小气候的同时，建立气候防护体系，形成适宜的地区微气候，以达到节能目的。

（2）形态

在建筑总平面设计中，一方面，要求体形系数尽量小，主要是指采用减少建筑外墙面积、控制层高、减少凹凸变化，以及尽量采用规则平面等设计手段；另一方面，要求形体在冬季可接受更多的辐射热。

（3）间距

阳光不仅是热源、光源，它还对人的健康、精神、心理都有影响。因此，通过保证室内一定的日照量，可以确定建筑的最小间距。

（4）朝向

应根据所处地理位置的不同选取可减少能耗的建筑朝向。如在热带，为减少太阳入射面积，建筑宜南北向布置；如在寒带，为争取太阳辐射，建筑宜东西向布置。

（5）通风

在建筑总平面设计中，空气流动是一个重要的气象因素，各地区的气象资料均可提供当地不同季节的主导风向和风速，作为设计的依据。在任何地段，上风的流动都会影响建筑的内部冷暖和内外气候环境。由于通风可增加建筑的散热，夏天的穿堂风可使居室凉爽舒适，但冬季则需要采取避风措施，因此，控制气流是总平面设计中的关键点。控制气流的基本方法是降低流速和分解流向，建筑在地段上的落位要充分利用自然地形条件，创造利用当地风效应的特点取得环境气候效益。在冬季，建筑体的尖角指向风力的方向，可使其速度分解。利用风障也可减弱风力，包括利用其他建筑或植被作为风障。

（五）场地交通布局设计

①利用现有的汽车交通网络，减少新基础设施的需求。

②集中公用设施，如人行道和汽车道路。为了降低路面成本、提高效率、集中径流，汽车道路、人行道、停车场应当紧凑。这不仅是降低建造成本的方法，还有助于减少不透水表面积与场地总面积的比率。

（六）基础设施相应设计

①调整微气候以最大限度地满足人体舒适度的需求，充分利用室外公用设施如广场、休憩区。

②考虑公用设施采用可持续场地材料。可能的话，材料应当可循环利用，而且具有较低的寿命周期费用。选择材料时也要考虑反射率。

三、气候适应性被动式建筑设计

（一）概述

被动式设计的目的是尽量减少或者不使用制冷、供热及采光设备，并创造高质量的室内环境和室外环境。这一概念的设计策略强调的是：根据当地的气候特征进行设计；遵循建筑环境控制技术的基本原则；考虑建筑功能和形式的要求；等等。被动式设计将降低建筑能耗。

被动式建筑的合理设计和指导为建筑所有者和居民提供了诸多益处，具体包括以下几种。

①运行能耗：较低的能耗费用。

②投资：以生命周期为成本基础的额外投资将带来高经济回报。如果考虑未来能源价格的上涨，那么这种回报将更大。这些将得到更高的使用率和满意度，随之而来的是较高的建筑价值和较低的风险。

③舒适性：得到更好的热舒适性，减少对产生噪声的机械设备系统的依赖；得到阳光充沛的室内空间，以及开放的空间布置。

④工作效率：更多的自然采光可减少眩光，可以提高工人的生产效率，提高人员出勤率。

⑤环保：降低能源消耗量和对化学燃料的依赖。

成功地融入被动式设计策略要求有一套系统的方法。它必须开始于前期设计阶段，贯穿整个设计过程。在某些工程阶段，建筑户主和设计小组同意加入被动式设计是非常关键的，在建筑设计过程中应包括以下被动式设计策略。

①场地选择：评估建筑场地的选择或位置及其采光效果和景观因素。

②制订计划：建立能源利用模式，确定能源策略的优先性（如自然采光和高效照明）；确定基础条件，进行全寿命周期的成本分析；建立能源预算。

③概念设计：考虑方位、建筑形式及景观等，最大限度地挖掘场地的潜力；对典型的建筑空间进行初步分析，涉及隔热性能、墙体蓄热能力、窗户类型和位置；确定可用的自然采光；确定被动式供热或制冷负荷、采光及空调系统的需求；确定各选择方案的初期投资效益，并与预算做对比。

④设计发展：完成对所有建筑区域的分析，包括设计元素选择和生命周期成本分析。

⑤施工文件：模拟整个建筑方案，编写满足能源效率设计目的的计划书。

⑥投标：利用生命周期成本分析来评估各种可能的方案。

⑦建设：与承包商沟通，使其知道设计的重要性并保证能够遵守。

⑧入住：使居住者了解能源设计的意图，并为维修人员提供业务手册。

⑨入住后：有目的地评估建筑性能和居住者行为，与设计目标做比较。

被动式建筑设计开始于对选址、自然采光以及建筑围护结构的考虑，几乎所有被动设计的元素都有不止一个目的。被动式建筑设计在自然景观审美的同时也可以提供关键的遮阳或直接的气流，其中窗户既是遮阳装置又是室内设计的一部分；而砖石地板不仅能蓄热，还可以提供耐久的步行表面；在房间内反射的阳光使房间明亮并提供工作照明。其设计要点有以下几个方面。

①保温隔热：提供适当的保温隔热，最大限度地减少漏风。

②窗户：传热，采光，内部空间和外部环境之间进行空气交换。

③采光：降低照明和制冷方面的能源损耗；创造更好的工作环境，从而提高舒适性和生产效率。

④蓄热：储存冬季的过剩热量，在夏季，夜间冷却而日间吸收热量，这有助于转移供热和冷却的高峰负荷至非高峰时间。

⑤被动式太阳能供暖：利用适当数量和类型的南向玻璃窗和合理设计的遮阳装置，使热量在冬季进入建筑，在夏季被反射，这在气候凉爽的地区最适用。

⑥自然通风被动冷却：通过自然或机械手段对气流进行控制，这将有助于提高建筑大部分区域的能源效率。

（二）气候分区与建筑特征

1. 气候因子

形成气候的基本因子主要有三个：辐射因子、环流因子、地理因子。气候因子指形成生物环境的各气候因子，由温度因子（绝对值、变化类型和幅度）、水分因子（降水量、降雨型、湿度）、光因子（光照度、日照时间）、大气因子（氧气及二氧化碳的浓度、风）等组成。

2. 气候带划分

（1）建筑热工设计气候分区

为使建筑热工设计与地区气候相适应，按规定将全国划分成五个建筑热工设计区，分别是：严寒地区、寒冷地区、夏热冬冷地区、夏热冬暖地区和温和地区。

（2）建筑节能气候分区

重庆大学付祥钊等根据气候与建筑能耗的关系，确定了影响建筑能耗的气候要素，提出以采暖度日数、降温度日数为 1 级指标，冬季太阳辐射量、夏季相对湿度、最冷月平均温度等为 2 级指标，划分了中国建筑节能气候分区。

①严寒无夏地区

该地区气候特征为冬季异常寒冷，夏季短促。该区主要分布在东北三省、内蒙古、新疆及青藏高原。冬季最冷月平均气温基本低于 -10 ℃，日平均气温低于 5 ℃的天数为 136 d ～ 283 d；夏季最热月平均温度低于 26 ℃。大部分地区太阳辐射量大，如青海一些地区冬季太阳辐射量大于 1 000 MJ/m^2。

②冬寒夏凉地区

该地区气候特征为冬季很寒冷，夏季很凉爽。该区气候特征与严寒无夏地区相似，但寒冷程度小一些，时间短一些，最冷月平均温度高于 -10 ℃，日平均气温低于 5 ℃的天数为 56 d ～ 142 d（不包括以辅助指标划入该区的城市）；另外，冬季太阳辐射量大于1 000 MJ/m^2，最冷月平均温度低于-10 ℃，以红原、玉树等为代表，采暖度日数≥3 800 ℃·d的地区也被纳入该区。

③冬寒夏热地区

该地区气候特征为冬季很寒冷，夏季炎热。该区气候条件较为恶劣，冬季寒冷且长，最冷月平均气温为-5.5 ℃～1.3 ℃，全年日平均温度低于5 ℃的时间为67 d～115 d，冬季太阳辐射量为415 MJ/m^2～836 MJ/m^2；夏季炎热，最热月平均温度高于26 ℃，气温高于26 ℃的天数为32 d～80 d，且昼夜温差较大。

④冬冷夏凉地区

该地区气候特征为冬季冷，夏季凉爽。冬季太阳辐射量为383 MJ/m^2～841 MJ/m^2，最冷月平均温度为3.7 ℃～8.5 ℃；夏季凉爽、湿度大，最热月平均温度低于26 ℃，夏季相对湿度为72 %～86 %。

⑤夏热冬冷地区

该地区气候特征为冬季阴冷，夏季湿热。该区主要位于长江流域，夏季闷热高湿，最热月平均温度为26.5 ℃～30.5 ℃，夏季相对湿度在80 %左右，太阳辐射量大于1 000 MJ/m^2；冬季阴冷，太阳辐射量小于750 MJ/m^2，个别地区不足400 MJ/m^2，最冷月平均气温为0 ℃～8.6 ℃，是世界上同纬度下气候条件最差的地区。

⑥夏热冬暖地区

该地区气候特征为冬季温暖，夏季炎热。该区冬季暖和，最冷月平均温度高于9 ℃，冬季太阳辐射量为600 MJ/m^2～1 500 MJ/m^2；夏季长而炎热，最热月平均温度高于27 ℃，全年日平均温度高于26 ℃的时间为82 d～265 d，相对湿度大约为80 %。夏季太阳辐射强烈，太阳辐射量大于1 200 MJ/m^2，个别地区大于2 000 MJ/m^2，降雨丰沛，是典型的亚热带气候。

⑦冬寒夏燥地区

该地区气候特征为冬季很寒冷，夏季炎热，相对湿度小。该区冬季非常寒冷，且供暖期较长，最冷月平均温度为-17.2 ℃～-2.2 ℃，全年日平均气温低于5 ℃的时间为96 d～125 d；夏季燥热，相对湿度小于50 %，太阳辐射量为 1 200 MJ/m^2 ～ 2 300 MJ/m^2，夏季昼夜温差大。

⑧冬暖夏凉地区

该地区气候特征为冬季温暖，日照丰富，夏季凉爽。该区气候条件舒适，冬季温暖，最冷月平均温度高于 9 ℃，冬季太阳辐射量在 1 000 MJ/m^2 左右；夏季凉爽，最热月平均温度为 18 ℃～ 25.7 ℃，夏季 3 个月太阳辐射量大于 1 200 MJ/m^2。

划分五个建筑热工设计区，最初主要是为了明确哪些地区应该设置供暖，为暖通工程师的热工计算提供依据；划分八个建筑节能气候区，最初主要是为了制定不用区域的日照标准，为建筑师的日照计算提供分类标准。其实，建筑热工分区和建筑气候分区的作用类似，都是为不同地区的热工、日照、节能等提供划分依据，便于根据不同的气候特点，因地制宜地进行相关设计。随着节能设计的大力提倡和推广，建筑热工设计区的划分也越来越细。公共建筑中严寒地区划分为 A、B 两个区；居住建筑中严寒地区划分为 A、B、C 三个区，寒冷地区划分为 A、B 两个区，夏热冬暖地区划分为北区和南区，温和地区划分为 A、B 两个区。

（三）气候适应性被动式设计方法

1. 被动式设计原理

“被动式设计”是由英文翻译过来的，英文原意为被动的、顺从的，有顺其自然之意。被动式设计就是应用自然界的阳光、风力、气温、湿度的自然原理，尽量不依赖常规能源的消耗，以规划、设计、环境配置的建筑手法来创造舒适的居住环境。

被动式设计的目的是尽量减少或者不使用制冷、供热及采光设备，并创造高质量的室内环境和室外环境。这一概念的设计策略强调的是：依据当地的气候特征进行设计；遵循建筑环境控制技术的基本原则；考虑建筑功能和形式的要求；等等。

根据美国能源部的统计，采用被动式技术的建筑能耗比常规新建筑能耗降低 47 %，比常规旧建筑降低 60 %。被动式建筑广泛适用于大多数大型建筑和所有的小型建筑，尤其是住宅建筑。被动式设计适于新建工程和重大改造工程，这是因为被动式设计的大部分环节都融入了建筑设计中，并且被动式设计策略可以很好地成为建筑整体的一部分，带来良好的视觉效果。

2. 室内外空间联系

根据时间及气候的变化来控制建筑空间，可最大限度地利用气候资源的风能、光能等，节省用于空调或采光的建筑能耗。例如，我国南方炎热地区传统民居的天井空间，在夏季保持开敞加强通风，在冬季用透光材料加以覆盖，防止冷空气侵入，这些措施对改善室内热环境起到了较好的效果，是利用建筑空间可控性营造舒适环境的实例。

3. 被动式太阳能系统

（1）自然采光

自然采光就是将光线引入室内，并以某种分布方式提供比人工光源更理想、更优质的照明活动。这样就减少了人工照明的需求，从而减少电力使用以及相关的费用和污染。研究证明，自然采光能够比人工照明系统创造更加健康和更加奋发向上的工作环境，并能增加高达 15 % 的生产效率。自然采光还可以改变光照强度、色彩和视野，帮助人们提高生产效率。

自然采光要求建筑的围护结构正确设置门窗，实现透光的同时提供足够光线的分布及扩散。一个设计良好的系统能够避免人因阳光直射造成视力损害，以及阻挡会造成人不舒适的过量热量和过度亮度。为了控制过度亮度或对比度，窗户往往配置了额外的元素，如遮阳装置——百叶窗和光架。大多数情况下，当有足够的天然光线来维持理想的照明水平时，采光系统也应包括调暗或关闭灯光的控制器。把自然采光系统和人工照明系统有机结合来维持所需的光照，同时尽量节约照明能源，这也是可取的。

（2）被动式太阳能供暖、制冷和蓄热

在建筑中有机结合被动式太阳能供暖、制冷和蓄热的功能以及采光，能够产生相当大的能源效益和增加居住的舒适性。把这些策略列入建筑设计中，可大大减少建筑供暖空调系统负荷，从而减少能耗。

被动式太阳能供暖在多种类型的建筑中都有成功应用，特别是住宅建筑和小型商业、工业及办公建筑物。它们受益于被动式太阳能设计是因为它们以“围护结构为主宰”，也就是说，它们的空调负荷主要取决于气候条件和建筑围护结构的特点，而不取决于内部获得的热量。被动式太阳能供暖在寒冷季节里晴天时可发挥最佳性能，但在其他气候条件下也有出色发挥。

被动式太阳能冷却策略包括减少冷负荷、遮阳、自然通风、辐射冷却、蒸发冷却、除湿及地耦冷却。通过选择正确的窗玻璃、窗口位置、遮阳技术以及良好的景观设计，被动式设计策略可以降低冷负荷。不过，不正确的采光策略会产生过量的得热。制冷负荷的降低应通过正确的太阳能建筑设计和常规的建筑设计加以仔细处理。

墙体蓄热设计是被动式太阳能设计的主要特点。它们能够为过剩热量的处理提供一种机制，从而减少空调负荷，需要的时候，储存的热量也可以缓慢地释放回建筑。夜间建筑通风，也可以冷却蓄热体，减少上午的制冷需求。

4. 被动式风能系统

应用自然通风技术的意义在于两方面：一是由于被动式冷却已经生效，不需要能源消耗，自然通风就可以降低室内温度，清除潮湿和污浊的空气，改善室内热环境；二是它可以提供新鲜的、清洁的空气，这对人体的生理和心理健康都有好处。即使在热带地区，在一年的特定时间内也可以利用自然通风获得室内热舒适。特别是在湿度较重的条件下，自然通风是获得热舒适非常有效的方法。引入自然风到室内并提高室内风速，能够加快人体皮肤表面的汗液蒸发，减少由皮肤潮湿引起的不舒适感觉，并加强人体与环境空气之间的对流，降低温度。在夜间开窗通风能够消除白天在室内建筑构件及家具上积聚的辐射热量。

四、自然环境共生型设计

（一）概述

人、建筑、环境是建筑发展的永恒主题，随着全球环境的恶化，生态问题日趋严重，人们越来越关注人类自身的生存方式。特别是 1992 年 183 个联合国成员国通过了《里约热内卢环境与发展宣言》，为促进地球生态系统的恢复，实现地球的可持续发展起到了导向作用。生态技术在这一背景下发挥出越来越重要的作用，成为各国实现可持续发展的绿色快车。生态技术是利用生态学的原理，从整体出发考虑问题，注意整个系统的优化，综合利用资源和能源，减少浪费和无谓损耗，以较小的消耗获得丰厚的目标，从而获得资源和能源的合理利用，促进生态环境的可持续发展。

在建筑领域内，从德国建筑师托马斯所著的《太阳能在建筑与城市规划中的应用》一书出版，到近年来美国建筑界的绿色建筑运动，从北京大兴义和庄的“新能源村”建设到国外在生态高技术下建造的各种形式的生态建筑，可以说，生态建筑的发展在理论上、技术上以及建筑设计的实践上都取得了可喜的成就。生态建筑有时又被称为“节能建筑”“绿色建筑”，严格地讲，这些都是不全面的。现代意义上的生态建筑，是指根据当地自然生态环境，运用生态学、建筑技术科学的原理，采用现代科学手段，合理地安排并组织建筑与其他领域相关因素之间的关系，使其与环境之间成为一个有机组合体的构筑物。

（二）保护自然设计方法

1. 生态系统（地下水资源、生物环境生态平衡、绿化、大气排放、废弃物处理处置）

①空间设计中要力图使空调效果优良，送风、回风管道短捷。

②建筑物的总体布局和设计平面、剖面时要考虑通风和采光的舒适性。

③在研讨外部立面构图时要考虑通风、采光、遮阳这些对建筑节能有效的设计措施。

④重视阳光的摄取，在可能的条件下设计蓄热的构造体，以节约能源。

⑤使用节约能源型的设备机器。

⑥引进热点连座系统。

⑦引进和使用热回收器。

⑧规划设计中要落实热源设备的集中和共同利用。

⑨利用太阳能加温热水系统。

⑩充分利用风力。

⑪充分利用地热及地下的地热水。

⑫充分利用垃圾焚烧时所排放的热量和变电所排放的热量。

⑬充分利用排水、污水处理排出的热量。

⑭充分利用江、河与海水中的热量。

⑮采用可重复利用的剪裁及易于拆卸的结构。

⑯采用耐久性高、维修方便的建材和构造方法，以提高建筑物的使用期限。

⑰尽量设置重复循环可能回收物质的装置并备有贮存空间。

⑱要设置节水型的便器及用水设备。

⑲设置居住组群或地区单位（小区）的污水处理设施。

⑳设置居住组群或地区单位（小区）的中水道系统。

㉑利用雨水，设置收蓄雨水的设施，使其作为消防用水和绿化栽植用水。

㉒尽量选择节省资源、节约能源的设备和机器。

㉓积极地减少现场加工量，以削减“残羹剩饭”。

㉔积极地减少使用包装复杂的商品，大力促进使用耐久型的可重复利用的商品。

㉕大力推广家庭中产生的原始垃圾、小区内的残枝枯叶的堆肥化方式。

㉖屋面、阳台、外墙都应给予绿化。

㉗开敞空间同样应给予绿化。

㉘利用雨水蓄水调节池，设置可供人们观赏游戏的亲水空间。

㉙要选择二氧化碳固定效果高的树种进行区域绿化。

㉚规划设计中要采用渗透性的地面覆面、排水侧沟、管道等材料，以补给地下水，而不至于把大气降水全部排走。

㉛利用自然地形图、制备、林木以及原有的水系和水体，营造良好的环境。

㉜大力发展区域内的绿化圈、家庭菜园以及园艺场。

㉝积极创造条件，设置供观赏用的昆虫、鸟禽、动物的室外饲养设施。

2. 气候条件

基于气候适应策略的建筑设计方法及过程是一种逻辑化的设计方法，这是一个比较复杂的程序转换，它不同于可以得出唯一解的数学公式的推导过程。建筑气候设计过程建立在科学分析、科学决策基础上，尽可能提供解决问题的方向及思路，使其成为一种可供选择的模式语言。在设计中，模式的选择是根据外界条件的变化调整设计策略及重点。现代建筑设计理念中最基本的问题是能源与环境问题，然而在许多情况下，这并没有成为建筑设计中首要考虑的因素，其结果必然以消耗大量的自然资源为代价。适应气候的建筑设计过程最先应确定建筑所在区位的气候资料，涵盖温度、湿度、降雨量、日照及风速条件。气候要素的确定帮助设计师根据一年内的气候状况绘制比较详细的表格或图形，根据表格或图形确定每年不同时期人的舒适性指标，并成为设计的依据。这要靠一定的气候分析方法和工具来实现，并根据建筑节能及资源有效利用原则有针对性地确定建筑设计策略。本部分的论述将以此为切入点，集中在三个阶段进行讨论：阶段一，气候资料的收集、编制与分析；阶段二，根据气候资料的分析确定不同的设计策略；阶段三，选择适当的模式语言。

阶段一：气候资料的收集、编制与分析，主要包括全年最大、最小风速及风向；最大、最小及平均温度、湿度、降雨量，并把收集的资料绘制在气候分析图表上。

气候分析图表的编制有多种方法，包括维克托•奥吉尔的生物气候图、吉沃尼生物气候舒适区图表法、生态图表法及马奥尼图表法。根据资料的分析可确定人的舒适性标准，并以此为依据判断一年或一天内哪些时间段内室外气候是超出人的舒适性范围的，对于超出的区域，应采取相应的气候适应性策略以增大人的舒适性范围，减少能源消耗。

阶段二：气候适应性策略的制定。由于各个气候区域的差异非常大，因此必须因地制宜地制定合适的气候策略。设计适应气候的建筑主要的目的有两点：一是节约资源，设计可持续的建筑；二是提高室内的舒适度。为了达到第一点目标，一般采用被动式技术策略，主要的方法有：被动式太阳能利用、自然通风、夜间通风、提高围护结构的保温或隔热能力、主动或被动蒸发降温。利用其中一项或者数项技术策略，可以有效地节约能源，同时增加室内舒适度。当然，人的舒适度不仅与温度有关，还取决于环境的湿度及风速，气候因子的综合作用直接影响到人的冷热敏感性，决定建筑设计策略的制定。

阶段三：模式语言的制定。设计策略的制定是从气候因子到建筑设计因子的转译过程，包括场地、建筑室内外布局、界面、空间及体形特征五大部分 19 个设计标准的转化，并最终表现在模式语言上。具体到每个设计标准，根据建设项目所在城市的宏观气候状况结合建筑所在区域的微气候特征，确定建筑设计因子的可能模式，模式的选择与气候及地域条件具有一定的对应关系，并可根据设计要素的改变而表现出一定的选择灵活性。

模式语言的罗列提供给设计者一种思考问题的方法，而并非作为设计思维过程的唯一解答，最后，当每一项设计原则所指定的设计策略选定之后，统一对各项实施策略进行反馈，修正各种策略之间存在的冲突与矛盾。在此，策略是方向及原则，语言是图形及表现；策略是抽象的，语言是具体的。

这三个阶段作为设计的决策过程相互递进、互为依存。从气候资料的分析到建筑策略转化，最终落实到评价体系与评价方法上，整个过程体现了非常庞大的整体系统性设计思维。

3. 国土资源

（1）住宅建筑规划与设计的节地措施

①控制住宅面积标准。资料表明，我国人均城市建设用地仅 100 m^2 左右，其中人均居住区用地指标为 17 m^2 ～ 26 m^2，居住区占建设总用地的 25 %。如果保持目前的比例，在一定的容积率条件下，每套住宅的面积扩大，势必增加人均居住区用地指标，这就与合理利用土地的国策相违背。因此，适度控制每套住宅的面积标准，抑制过度消费，将使有限的土地资源得到有效的利用。

②积极开发利用地下空间。在居住区和住宅单体的设计中，积极开发中心绿地、宅间空地或住宅单体的地下，布置车库、辅助用房等，是提高土地使用率的有效办法。被开发利用的地下空间，可以不计入总容积率，

以此鼓励提高开发地下空间的积极性。当然，也要做好规划，处理好工程技术问题。

③合理开发利用山坡地和废弃用地。随着住宅建设的不断迅速发展，由于可用的完整、平坦的建设用地越来越少，因此需要对山坡地或废弃土地等进行改良后再使用，如山区、丘陵地带的荒坡，湖边的漫滩地。沿海城市还可有计划地采用填海增地的办法。

④禁止使用黏土砖。我国的土地资源非常贫乏，人均可耕地面积只有 800 m^2，为世界平均值的 1/3，已接近联合国确定的人均可耕地 530 m^2 的最低界限。住房和城乡建设部已三令五申，必须严格禁止黏土砖的生产和使用。因此，需要积极研制混凝土空心砌体、黏土空心砖、工业废料砌体等产品，尽快替代传统实心黏土砖；还要大力推广混凝土结构、钢结构等结构类型，并切实解决好设计、构造、施工等有关技术问题。

（2）居住区规划设计中的节地措施

①围合的居住空间。在居住区规划设计中，因地制宜地将行列式的布局改进为院落式围合，使住宅的外部环境成为院落内居民的共享空间。行列布置的东西缺口的适当围合，可以有效提高土地利用率，并可以密切邻里交往，提高居住安全性。

②集中布置配套公建既可方便管理和使用，又可节约用地。

分散、沿街的商业设施，集中布置成独立的商场建筑。

机动车库与自行车库，集中设于半地下室或架空层；必需的地面停车场，推广植草砖铺砌地面，增加绿化面积。

燃气调压站、水泵房、变电室等公用设施，在负荷距离允许的情况下，尽可能集中设置。

集中设置居住区垃圾中转站；为居住区服务的公共卫生间，附设于会所或商场内。

③综合使用功能，提高土地利用率。在城市中心地段的居住区，建设集多种使用功能于一体的综合楼是提高土地利用率的好办法，例如：集住宅、商场于一楼；集住宅、商场、办公于一楼；集住宅、商场、办公、文娱活动、

车库于一楼；等等。综合楼可以提高土地使用率，但是设计难度大，结构和设备管道系统复杂。

④合理利用各种基地地形。在北高南低的向阳坡地形上，应顺着坡向平行布置住宅，既能获得充分的日照和良好的通风，且正面视野宽广，又能减少住宅之间的日照间距。在南高北低的坡地上，要调整前后排住宅的层数，避免过多拉大日照间距。还要尽量利用高差所形成的、住宅底部的半封闭空间，作为停车、储藏等辅助空间。在东、西向的坡地上，应在垂直坡地的方向布置住宅，并跟随坡地的高差改变住宅层数和高度，可以做南向退台的跃层住宅。保持合理的日照间距，节省用地。在平坦的地形上，应布置成正南、北向（可适当偏角），既能顺应风向，又能获得较好的日照，是减少间距、节约用地的最好办法。在边角地区，根据基地形状，布置塔式、单元式高层住宅；在基地的北侧，布置高层住宅，也是节地的好措施。

（3）住宅单体设计的节地措施

①适当缩小面宽，加大进深。单体住宅的建设用地面积 =（住宅进深 + 日照间距）× 住宅面宽。因此，住宅面宽对土地用量的增大或缩小非常敏感。通常可采用加大进深、缩小面宽的方法以达到节约用地的效果。加大住宅的进深，必须有效地减小面宽，否则反而会增加用地。加大住宅进深，还会明显地提高住宅室内的热惰性，有利于节约能源。但是，应解决好对中间部位功能空间的采光与通风。

②适当降低住宅层高。《住宅建筑规范》（GB 50368—2005）规定的室内净高：居室不低于 2.4 m，厨卫不低于 2.2 m。只要确保达到规范规定的净高，适当降低每层的层高和住宅单体的总高度，就可以直接缩小日照间距。降低住宅总高的节地效果，在高纬度地区尤为明显。住宅层高的确定，当然还应综合考虑室内空间效果、居住习惯、日照和通风质量、心理感受等条件。降低层高后的室内净空，也要有室内装修、结构厚度、通风方式等技术措施的协调配合。

③处理好屋顶空间。屋顶是住宅第五立面，对建筑造型起着重要作用。住宅做斜坡顶屋面，可借助屋面坡度与日照斜率相接近的特点，再降低住宅

顶层的层高。在维持平屋面住宅日照间距的条件下，既取得了改变建筑轮廓、有效地解决屋面防水和扩大屋顶部位使用空间的效果，又减少了住宅之间的日照间距，节约了建设用地。平屋顶可采用北向的退台，既可获得露天活动空间，又可缩小日照间距。

④适当提高住宅的层数。提高住宅层数与提高居住区的容积率成正比。但是，节地的曲线并非始终呈直线上升。当住宅达到一定数量的层数，容积率增加就显得缓慢，因为住宅用地由住宅基底用地和住宅日照间距用地两部分组成，住宅层数增加只能重复利用住宅基底用地，随着层数的增加，日照间距仍要扩大。所以，一般由低层升至多层，节地效果最为明显，至中高层，效果尚可，至高层，节地效果并不明显，节地曲线呈平缓状。不同层数住宅优缺点的比较：在城市边缘地段、山坡地、风景区宜建低层住宅；中、小城市宜建多层住宅，少量中高层住宅；中、大城市宜建中高层住宅，少量多层住宅；特大城市宜建高层和中高层住宅。

⑤多户单元的组合。多户单元的组合能有效地利用土地资源。塔式高层住宅，过去做到一个标准层布置 8 户至 10 户，显然使每户功能质量下降；布置 6 户，既能达到多户单元组合的目的，又有较好的光照和通风，户内组织合理，不会出现死角和暗房，节地率较高；布置 3 户至 4 户，功能改善，但节地效果明显下降。板楼高层住宅，常规布置成 2 户，当布置 3 户至 4 户时，可明显节地，但中间户通风较差。

⑥做好东西朝向和尽端户型住宅单元的设计。东西向住宅在特定条件下可以提高用地效率，但必须解决好东西朝向房间的日晒与通风问题。住宅单元的尽端户，由于三面无遮挡，可较自由地布置并加大住宅进深，不影响前后楼的日照间距，有效达到节地的效果。

（三）防御自然设计方法

1. 隔热设计

常规隔热设计方法和措施主要有外围护结构隔热和遮阳两类。其中外围护结构隔热又可分为外墙隔热、门窗隔热和屋面隔热三个方面。外墙隔热原理和构造做法与外墙保温的原理和构造基本相似。

（1）门窗隔热

作为门窗节能整体设计的一部分，门窗隔热与门窗保温在具体的实施措施上，还存在一定的区别。

①玻璃的选择。在选择建筑门窗时，要保证整体建筑的节能，根据各地区不同的节能目标，合理地选择玻璃。夏热冬冷地区，夏季日照强烈，空调制冷是主要能耗，因此应降低玻璃的遮阳系数。玻璃的遮阳系数越低，透过玻璃传递的太阳光能量越少，越有利于建筑物制冷节能。但玻璃的遮阳系数也不能太低，否则会影响玻璃的天然采光。

降低玻璃遮阳系数的方法很多，如采用着色玻璃、阳光控制镀膜玻璃和低辐射镀膜玻璃等。低辐射镀膜中空玻璃，特别是双层低辐射镀膜中空玻璃，不但导热系数低，保温性能优良，而且遮阳系数也可降为 0.30 ～ 0.60，隔热性能非常好，可满足《公共建筑节能设计标准》（GB 50189—2015）在任何地区对玻璃导热系数和遮阳系数的要求。

②玻璃镀膜。玻璃镀低辐射膜可以大幅度降低玻璃之间的辐射传热。在夏热冬冷地区和炎热地区，由于其能耗主要集中在夏季，因此节能设计的重点主要是隔热。如果在中空玻璃的外层玻璃镀热反辐射膜，内层玻璃镀低辐射膜，可以将 85 % ～ 90 % 照射在玻璃上的太阳辐射热反射回去，而且中空玻璃的传热能力明显降低，对降低夏季建筑物内的空调负荷有重要作用。

（2）屋面隔热

建筑物的屋面是房屋外围所受室外综合温度最高的地方，面积也比较大，因此在夏热冬冷地区和炎热地区，屋面的隔热对改善顶层房间的室内小气候极为重要。

依据建筑热工原理，结合建筑构造的实际情况，隔热屋面一般有以下四种形式。

①架空层屋面。架空层宜在通风较好的建筑上采用，不宜在寒冷地区采用，高层建筑林立的城市地区，空气流动较差，严重影响架空屋面的隔热效果。

架空通风隔热间层设于屋面防水层上，其隔热原理是：一方面，利用架空的面层遮挡直射阳光；另一方面，利用间层通风散发一部分层内的热量，将层内的热量不间断地排出，在夏季不但有利于达到降低室内温度的目的，而且对增加空气层对屋面的保温效果也起到一定的作用。

②蓄水屋面。蓄水屋面是在刚性防水屋面上设置蓄水层，是一种较好的隔热措施。其优点是可以利用水蒸发带走水层中的热量，消耗晒到屋面的太阳辐射热，从而有效减少屋面的传热量、降低屋面温度，是一种较好的隔热措施。但蓄水屋面不易在寒冷地区、地震多发地区和振动较大的建筑物上采用。

③反射屋面。利用表面材料的颜色和光滑度对热辐射起到反射作用，对平屋顶的隔热降温也有一定的效果。例如，采用淡色砾石屋面或用石灰水刷白对反射降温有一定的效果，此法适用于炎热地区。若在通风屋面中的基层加一层铝箔，则还可以利用其第二次反射作用，这对屋顶的隔热效果将有进一步的改善。

④种植屋面。种植屋面是利用屋面上种植的植物来阻隔太阳光照射，能够防止房间过热，隔热主要通过以下三个方面来控制热量：一是植物茎叶的遮阳作用，可以有效地降低屋面的室外综合温度，减少屋面的温差传热量；二是植物的光合作用消耗太阳能用于自身的蒸腾；三是植被基层的土壤或水体的蒸发消耗太阳能。因此，种植屋面是一种十分有效的隔热节能屋面。

此外，种植屋面还可以调节当地微气候，吸收灰尘和噪声，吸收周围有害气体，杀灭空气中的各种细菌，使得空气清洁，有利于人体健康。考虑到屋面荷载，屋面需种植耐热、抗旱、耐贫瘠、抗风类植被，以浅根系的多年生草本匍匐类、矮生灌木植物为宜。

2. 防寒设计

（1）外围护实体墙面节能措施

在围护结构节能手段中，通过加强外围护实体墙面的保温来节能是行之有效的方法之一。目前，我国外围护实体墙面的节能措施已经比较成熟和多样化。外围护实体墙面的节能又可分为复合墙体节能与单一墙体节能。

复合墙体节能是指在墙体主体结构基础上增加一层或几层复合的绝热保

温材料来改善整个墙体的热工性能。根据复合材料与主体结构位置的不同，又分为内保温技术、外保温技术及夹心保温技术。单一墙体节能指通过改善主体结构材料本身的热工性能来达到墙体节能效果，目前常用的墙体材料，如加气混凝土、空洞率高的多孔砖或空心砌块等为单一节能墙体。

（2）窗户节能措施

窗户是建筑外围护结构中不利于节能的部分，因此，将窗户的节能措施加强，可以大幅度提高建筑的节能效率。

窗户节能措施主要从减少渗透量、减少传热量、减少太阳辐射能三个方面进行。减少渗透量可通过采用密封材料增加窗户的气密性，从而减少室内外冷热气流的直接交换，起到降低设备负荷的作用；减少传热量是防止因室内外温差的存在而引起的热量传递，建筑物的窗户由镶嵌材料（玻璃）、窗框等部件组成，通过采用节能玻璃（如中空玻璃、热反射玻璃等）、节能型窗框（如塑性窗框、隔热铝型框等）来增大窗户的整体传热系数以减少传热量；在南方地区，太阳辐射非常强烈，通过窗户传递的辐射热占主要地位，因此，可通过遮阳设施（外遮阳、内遮阳等）及高遮蔽系数的镶嵌材料（如低辐射镀膜玻璃）来减少太阳辐射量。

（3）屋面节能措施

屋面节能的原理与外围护实体墙面的节能一样，通过改善屋面层的热工性能阻止热量的传递。主要措施有保温屋面（外保温、内保温、夹心保温）、架空通风屋面、坡屋面、绿化屋面等。

3. 遮阳设计

太阳辐射热量通过玻璃进入室内，比通过一般墙体高 30 倍，因此有些地区在利用自然光进行采光的同时，需要采用遮阳手段，减少太阳辐射热。

遮阳手段目前可大致分为低技术遮阳设施和高技术遮阳设施两类。低技术遮阳设施：采用传统的遮阳材料和手段，例如，在建筑玻璃外设置固定的遮阳板。高技术遮阳设施：利用智能技术，根据季节、太阳光的强弱自动调节遮阳设施，起到减少建筑的能耗和提高视觉舒适度的作用。现在结合可呼吸式玻璃幕墙出现了一种在双层玻璃幕墙中间的部分设置活动遮阳的方式，可根据太阳光入射的角度、强度进行调节。

无论哪种遮阳手段，其原则都是：通常外遮阳比内遮阳有效；南向以水平遮阳为宜，东西向以垂直结合水平遮阳为宜；活动遮阳比固定遮阳更有效；浅色遮阳板比深色遮阳板有效。

4. 通风设计

自然通风对可持续发展的设计而言是有价值的，这是因为它能依靠自然的空气流动，并通过减少机械通风和空调的需求，节省那些重要的、不可再生的能源。它解决了对建筑的两个基本要求：排出室内污浊的空气和湿气，增强人体舒适感。开窗的位置及大小直接决定了建筑室内得到最佳的换气次数与风速。相关规范规定，在高层写字楼的设计中，外窗可开启面积应不小于 30 %，玻璃幕墙应具有可开启部分或设有通风换气装置。

自然通风手段在建筑内主要分为水平通风和竖向通风两种。

水平通风俗称穿堂风，在主导风向的通风面和背风面都有开口，使气流水平通过建筑，这种通风方式可在过渡季节获得最佳自然通风效果。建筑平面形状上应最大限度地面向所需要的（夏季）风向展开，并设计成进深较浅的平面（如外墙到外墙 14 m 以内的进深），使流动的空气易于穿过建筑。气流位置最好在工作面，即 1.2 m 左右高度。水平通风可以通过在建筑表面形成风压差而获得。其基本原则是：由于外墙的挡风作用，需要在建筑的迎风和背风两面形成风压差。在立面突出的悬挑楼层或墙体处，风力差能获得 1.4 倍的动压。当墙体开洞占整个墙面的 15 % 到 20 % 时，穿过墙洞的平均风速可比当地风速高 18 %。但水平通风在冬季要注意降低气流的流速或采取分解流向的手段，以减少建筑热量的流失。

竖向通风也就是常说的烟囱效应，指在贯通的竖向空间内，由于热空气上升，产生竖向空气流动压力，形成通风渠道。竖向通风要注意在夏季避免过多热量聚集在竖向空间而形成温室效应。

自然通风手段在高层写字楼内应用的前提条件是能有效地控制进入室内的空气量，使其既能满足人们对新鲜空气的最小需求，同时又不会使室内产生过多的热损耗。因此现代许多建筑采用了高科技手段来利用和限定自然通风，并产生了很好的效果。

（四）利用自然设计方法

1. 利用能源

太阳能是一种清洁、高效和永不衰竭的新能源，在现阶段可利用的新能源中，太阳能越来越被重视。太阳能储量十分丰富，太阳每年平均输入地球的能量相当于约 190 万亿吨标准煤，而且太阳能是近年来在研究上有巨大突破的再生能源。欧美国家已经在许多写字楼项目中推广使用太阳能，并初见成效。太阳能的利用手段通常有以下几种。

（1）光热转换

利用太阳能热水是光热转换中最传统和有代表性的一种方式。最常见的是架在屋顶的平板热水器，常常是供洗澡用的。其实，在工业生产中以及供暖、干燥、养殖、游泳等许多方面也需要热水，都可利用太阳能。太阳能热水器按结构分类，有闷晒式、管板式、聚光式、真空管式、热管式等，按加热系统分类，有自动调温系统、再循环系统、回水系统、分组串式系统等。

（2）光电转换

太阳热发电、光伏发电为大规模发电体系，随着科技水平的发展，如今在欧洲，太阳能发电能力已达 56 万 kW，实际装机容量近 400 万 kW，太阳能发电具有安全可靠、无噪声、无污染、制约少、故障率低、维护简便等优点。

（3）太阳能利用与建筑的结合

如今，很多太阳能利用手段已经与建筑构件结合在一起，不但能够为自身建筑提供部分电力，还可将多余电力回送城市电网，同时对建筑的外立面产生巨大影响。

随着现代科技的不断进步，太阳能利用将在技术上取得突破，太阳能利用拥有无限广阔的前景，将成为未来生态建筑中不可或缺的一部分。

在可利用的地球能源中，地壳浅层地能是一种无污染、稳定、可再生的能源形式，其原理是在地表下一定深度土壤或水的温度全年保持在一个相对稳定的温度上，受外界气候影响很小；而在此之下的温度受地心热力影响，每向下 33 m，土壤温度上升 1 ℃左右。

地源热泵就是利用地壳浅层地能的这个特点，将水（或其他介质）与地能（地下水、土壤或地表水）进行冷热交换来作为冷热源，冬季把地能中的热量“取”出来，供给室内供暖，此时地能为“热源”；夏季把室内热量取出来，释放到地下水、土壤或地表水中，此时地能为“冷源”。

地源热泵手段按照室外换热方式不同，可分为地埋管系统、地下水系统、地表水系统三类。

（1）地埋管系统

该方法只需在建筑物的周边空地、道路或停车场打一些地埋管孔，向其内部注满水（或其他介质）后形成一个封闭的水循环，利用水的循环和地下土壤换热，将能量在空调室内和地下土壤之间进行转换。故该方案不需要直接抽取地下水，不会对本地区地下水的平衡和地下水的品质造成任何影响，不会受到国家地下水资源政策的限制。

（2）地下水系统

若有可利用的地下水，水温、水质、水量符合使用要求，则可采用开式地下水（直接抽取）换热方式，即直接抽取地下水，将其通过板式换热器与室内水循环进行隔离换热，可以避免对地下水的污染。此种换热方式可以节省打井的施工费用，室外工程造价较低。

（3）地表水系统

若有可利用的地表水，水温、水质、水量符合使用要求，则可采用抛放地埋管换热方式，即将盘管放入河水（或湖水）中，盘管与室内循环水换热系统形成闭式系统。该方案一是不会影响热泵机组的正常使用，二是保证了河水（湖水）的水质不受到任何影响，而且可以大大降低室外换热系统的施工费用。

地源热泵是一种在高层写字楼建造中值得推广的新能源利用技术。在三种方法中，地埋管系统由于不需要直接抽取地下水和地表水，因此不会对本地区地下水的平衡、地下水的品质及地表水造成任何影响，因更具环保特点而更具推广价值。

2. 利用资源

建筑应尽量采用可自然再生、可循环利用的材料。目前，我国大部分高层写字楼采用的是现浇钢筋混凝土材料，这种建筑材料废弃后回收利用率很低，而且在生产过程中产生的污染较大，因此在建筑材料的选择上应尽量采用自然的、可再生的、可循环利用的物质。

一般来讲，钢、铝及玻璃的回收利用率高于水泥、混凝土，因此在建筑的结构设计中采用钢结构体系从这一点来说是有积极意义的。建筑的使用寿命结束后，结构钢材一般能像其初始那样进行再循环和再利用，而混凝土只能在低一级的形式中二次利用（如混凝土只能作为碎石，用其砌块填塞基础，而不能作为结构再循环使用）。

再循环使用不但可以降低物质材料本身的损耗，而且可以降低能耗。例如，循环使用铝材比从头制造它要少消耗 90 % 的能源，同时减少 95 % 的空气污染；使用循环利用的玻璃与重新生产玻璃相比可减少 32 % 的能耗、20 % 的空气污染和 50 % 的水污染。

目前，在建筑设计中采用轻钢结构具有很好的生态效果。轻钢结构与普通木结构相比，在整个房屋生命周期中的能效要高 36 %。这种材料比其他材料轻，是木结构质量的 25 % ～ 33 %，可以再循环而且更耐久，特别是对于有地震、飓风、火险等灾害的地区尤为有用，而且轻钢结构还具备施工速度快的优点。但在选用轻钢结构中，要注意噪声传播、热桥、防火等问题。

3. 活用绿化

建筑表面绿化手段的优点是多方面的，包括美学、生态学和能源保护等方面，可概括如下。

①建筑表面绿化能对室内空间和建筑外墙起遮阳作用，同时减少外部的热反射和眩光进入室内。

②植物的蒸发作用使其成为建筑外表面有效的冷却装置，并改善建筑外表的微气候。在温带气候地区的夏季，立面绿化能使建筑的外表面比街道处的环境温度降低 5 ℃之多，而冬季的热量损失能减少 30 %。

③植物还能吸收室内产生的二氧化碳，释放氧气，同时能清除甲醛、苯

和空气中的细菌等有害物质，形成健康的室内环境。

建筑表面绿化手段按照绿化的部位可分为屋顶绿化、墙体绿化、空间（阳台或缓冲空间）绿化三种。

①屋顶绿化：由保温隔热层、防水层、排水层、过滤层、栽培基质层和植物层组成。保温隔热层采用的是倒置式保温屋面，同时考虑到防止植物根系的侵蚀作用，保温层由特殊材质的泡沫板或泡沫玻璃铺设而成。防水层采用防水涂料或防水卷材，一般在两道防水层以上。排水层设置在混凝土保护层和过滤层之间，其作用是排出上层积水和过滤水，但同时又可以储存部分水分供植物生长。排水层与屋顶雨水管道相结合，将多余水分排出，以减轻防水层的负担。种植层多采用无土基质，以蛭石、珍珠岩、泥炭、草炭土等轻质材料配制而成。为防止种植层中小颗粒及养料随水流失，且堵塞排水管道，在种植层下应铺设无纱布的过滤层。

②墙体绿化：利用爬墙植物进行立体绿化，这种方法经济、易行且效果显著，特别是在隔热方面。另外，绿色植物的光合作用还能为办公空间提供新鲜氧气。若条件允许，可结合构造在建筑围护结构的南向、西向设置构架，这样更利于爬墙植物攀爬，更重要的是，可避免爬墙植物贴近墙面造成的空气滞留，阻碍热空气的散发，同时也可减少植物对建筑材料的侵蚀。高层建筑的表面积可为地面面积的 4 倍至 5 倍或更多，若其部分覆盖植物，那起到的降温作用将是巨大的，同时对减少城市热岛效应有着重要意义。

③空间绿化：在阳台、高大中厅、外围缓冲空间等部位种植大量绿化植物，可形成天然氧吧，同时形成建筑与外环境之间的缓冲层。

总之，建筑表面绿化手段可以很好地改善高层写字楼的室内气温，形成生态小气候，起到净化空气、降低噪声、有效保护屋顶、延长建筑物寿命、减缓风速和调节风向等多方面作用。在改善建筑微环境的同时，还可营造出舒适的视觉效果，使办公于此的人能身心舒畅。

（五）生命周期设计方法

1. 建造

建筑全生命周期设计是一个统筹的过程，在设计中要综合考虑各种因素。例如，在小区规划设计中要认真分析研究环境的有利与不利因素，考虑到由于单体设计和群体布局对微气候的影响，避免产生冬季冷风渗透或热岛现象。要做到这些，需要有一种整合设计的思想，即要在设计的最初方案阶段就有各种专业人员加入设计，协助建筑师综合考虑规划、建筑、结构、能源、暖通空调等各方面因素，做出综合衡量，提出一种初步的可持续发展的生态建筑方案。这种整合方案一般应考虑以下几个方面。

①充分利用场地及周边自然条件，保留并合理利用原有地形、植被和水系。

②在建筑物规划与设计阶段，应从布局、朝向、外形等方面，考虑建筑选址的科学性和可能产生的小气候变化对生态环境的影响。例如，建筑不宜选址在山谷、凹地处，这是因为冬季冷空气会在凹地沉降，进而增加保持室内温度所消耗的热量。

③建筑形式和规模与周围环境保持一致，体现历史文脉与地域性。

④在建筑全生命周期角度考虑降低建筑材料生产、建筑施工、建筑日常运转及拆除时对环境的负面影响（如减少有害气体和废弃物的排放，选用可循环利用材料以及对建筑垃圾的现场再利用）。

⑤宜采用高性能、低能耗、耐久性强的新型建筑构造方式及建筑结构体系。

2. 拆除

计算机参与“建筑全生命期设计”的一种可能就是产生了“建筑能耗模拟技术”，它是指对不同建筑造型、不同建筑材料、不同建筑设备系统组成的多个方案在考虑影响建筑能耗的多个因素的基础上，在建筑物生命周期的各环节（包括材料生产、设计、施工、运行、维护、管理、拆除、再利用），对建筑能耗的产生与消耗进行逐时、逐区动态模拟。这使人们能够在初期投资与运行维护费用之间得出一个平衡点，也可以对多个方案的比较有定性标准。建筑能耗模拟软件在经历了几十年的发展之后，已经由适合专业人士使用的类型发展到适合建筑师使用的类型。该类软件应满足以下几种功能：一是建筑设计或建筑改造时的能耗分析；二是通过进行冷/热负荷计算，对暖通空调设备进行选择；三是通过对建筑能耗管理和控制模式的分析，挖掘更大的建筑节能潜力；四是能够适时更新建筑规范，帮助建筑师改正不符合节能标准之处；五是能够进行经济费用分析，使建筑师找出能耗与经济的平衡点。

第五章　可持续设计理念融入室内设计的创新路径

第一节　室内设计概述

一、室内设计的基本概念

室内环境设计（简称“室内设计”）是建立在四维时空概念基础上的艺术设计门类，是围绕建筑物内部空间进行的环境设计，从属于环境设计范畴。室内设计是一门综合性学科，它所涉及的范围非常广泛，包括声学、力学、光学、美学、哲学、心理学和色彩学等知识。

室内设计所创造的空间环境既能满足相应的功能要求，又反映了历史文脉、建筑风格、环境气氛等精神因素。现代室内设计是综合的室内环境设计，它包括视觉环境和工程技术方面的问题，也包括声、光、热等物理环境及氛围、意境等心理环境和文化内涵等内容。

室内设计是为了满足人们生活、工作的物质要求和精神要求所进行的理想的内部环境设计，是空间环境设计系统中与人的关系最为直接、最为密切和最为重要的方面。室内设计的要素体现在功能、技术、生产、美学等方面，它具有如下鲜明的特点。

（一）强调“以人为本”的宗旨

室内设计是根据空间使用性质和所处的环境，运用物质技术手段，创造出功能合理、舒适美观、符合人的生理和心理要求的理想场所的空间设计，旨在使人们在生活、居住、工作的室内环境空间中得到心理、视觉上的和谐与满足。室内设计的主要目的就是创造舒适美观的室内环境，满足人们多元化的物质和精神需求，确保人们在室内的安全和身心健康，综合处理人与环境、人际交往等多项关系，科学地了解人们的生理、心理特点和视觉感受对室内环境设计的影响。

（二）工程技术与艺术相结合

室内设计强调工程技术和艺术创造的相互渗透与结合，运用各种艺术和技术的手段，使设计达到最佳的空间效果，创造出令人愉悦的室内空间环境。科学技术的不断进步使人们的价值观和审美观产生了较大的改变，这对室内设计的发展也起到了积极的推动作用，新材料、新工艺的不断涌现和更新，为室内设计提供了无穷的设计素材和灵感，通过运用这些物质技术手段结合艺术的美学，创造出具有表现力和感染力的室内空间形象，使得室内设计更加为大众所认同和接受。

（三）可持续发展性

室内设计的一个显著特点就是它对由于时间的推移而引起的室内功能的改变显得特别突出和敏感。当今社会生活节奏日益加快，室内的功能也趋于复杂和多变，装饰材料、室内设备的更新换代不断加快，室内设计的“无形折旧”更趋明显，人们对室内环境的审美也随着时间的推移而不断改变。这就要求室内设计师必须时刻站在时代的前沿，创造出具有时代特色和文化内涵的室内空间。

二、室内设计的构成

室内设计是一门专业涵盖面很广、综合性很强的学科。现代室内环境设计是一项综合性的系统工程。室内设计与室内装饰不是同一含义，室内设计是一个大概念，是时间艺术和空间艺术两者综合的时空艺术整体形式，而室内装饰只是其中的一个方面。因此，从构成内容上说，室内设计应包括以下方面。

（一）室内空间设计

室内空间设计，就是运用空间限定的各种手法进行空间形态的塑造，是对墙、顶和地六面体或多面体空间形式进行合理分割。室内空间设计是对建筑的内部空间进行处理，目的是按照实际功能的要求，进一步调整空间的尺度和比例关系。

（二）室内装修设计

室内装修设计，是指对建筑物空间围合实体的界面进行修饰、处理，按空间处理要求，采用不同的装饰材料，按照设计意图对各个空间界面构件进行处理。室内装修设计采用各类物质材料、技术手段和美学原理，既能提高建筑的使用功能，营造建筑的艺术效果，又能对建筑物的工艺技术设计起保护作用。

室内装修设计的内容主要包括以下四个方面。

①天棚装修，又称“顶棚”或“天花”装修设计，天棚装修起到一定的装饰、光线反射作用，具有保湿、隔热、隔音的效果，如家居展示大厅中顶棚的立体化装修设计，既有装饰效果，又有物理功能。

②隔断装修，是垂直分隔室内空间的非承重构件装置，一般采用轻质材料，如胶合板、金属皮、磨砂玻璃、钙塑板、石膏板、木料和金属构件等来制作。

③墙面装修，既为保护墙体结构，又为满足使用和审美要求而对墙体表面进行装饰处理。

④地面装修，常用水泥、砂浆抹面，用水磨石、地砖、石料、塑料、木地板等对地面基层进行饰面处理。另外，还有门窗、梁柱等也在地面装修设计范畴内。

（三）室内物理环境设计

室内物理环境设计，包括对室内的总体感受、上下水、采暖、通风以及温度与湿度调节等系统方面的处理和设计，也属室内装修设计的设备设施范围。随着科技的不断发展以及人们对生活环境质量要求的不断提高，室内物理环境设计已成为现代室内设计中极为重要的环节。

（四）室内装饰、陈设设计

室内装饰、陈设设计，主要针对室内的功能要求、艺术风格的定位，是对建筑物内部各表面造型、色彩、用料的设计和加工，包括对室内家具、照明灯具、装饰织物、陈设艺术品、门窗及绿化盆景的设计配置。室内物品陈设属于装饰范围，包括艺术品（如壁画、壁挂、雕塑和装饰工艺品陈列等）、灯具、绿化等方面。

在室内设计的以上构成中，空间设计属虚体设计；装修与装饰、陈设设计属实体设计。实体设计归纳起来就是附地面、楼面、墙体或隔断、门窗、天花、梁柱、楼梯、台阶、围栏（扶手）以及接口与过渡等的设计，实体设计还包括对照明、通风、采光以及家具和其他设备的设计。空间设计就是厅堂、内房、平台、楼阁、亭榭、走廊、庭院、天井等多方面的发生在虚空之间的设计。不管是实体设计还是虚体设计，都要求能为人们使用时提供良好的生理和心理环境，这是保证生产和生活的必要条件。

三、室内设计的步骤

（一）设计准备

设计准备主要是指对业主所提供的建筑图纸、相关资料等进行分析，了解工作的内容和基本条件状况。业主一般能够提供建筑施工图，但有时也会由于各种各样的原因无法提供图纸，在这种情况下，设计者就需要亲自到现场测量了。对空间状况做现场测量，为设计人员确立室内空间概念起到了积极的作用。

现场测量其实很简单，只要有一把钢卷尺、一支笔、一张纸就可以了。在测量时先量总长度、总宽度，然后量墙和门窗，边量边在纸上画出相应的平面图，并把测到的门窗尺寸写在相应的位置上。像各种管道、电视天线插孔等位置，都应不厌其烦地测量并画好，还要把需保留的家具和设备的长、宽、高尺寸量好并记录下来。

（二）草图构思

在做设计时，建筑平面及大体的构思已经有了，接下来便可以开始画草图。徒手勾画草图是一种图示思维的设计方式，在设计的开始阶段，最初的设计意象是模糊的、不确定的，而通过勾画草图能将设计思考的意象记录下来，这种工作方式对方案的设计分析起关键性的作用。

不管设计多复杂的平面，对设计人员来说都得有个顺序：首先，要考虑利用天然采光、通风、日照等自然条件；其次，考虑室内空间使用上是否有妨碍流通的情况，怎样设计可以避免。可以在平面图上把实际尺寸的家具摆放进去，用箭头试画出人在室内活动的主要流通走向，分析是否有发生矛盾的地方。应通过调整使矛盾减到最小，使各种功能发挥最大效益。在平面空间调整妥当之后，再设计独立的立面，这时有些一闪而过的细部处理、材质设计等内容可用文字的形式、可视的图形一并记录在草图纸上。在这个过程中，重点不在于画面效果，而在于发现、思索，强调脑、眼、手的互动。

（三）方案设计

对设计的各种要求和可能发生的状况以及图纸（平面图、立面图、效果图）和设计说明等应与业主讨论并达成共识，待业主认同批准后方可进行下一阶段的工作。

1. 平面图

平面图是表现室内空间布局的一种手段，通俗地讲，平面图就仿佛是墙的中段被横切了一刀，从上面直接看下去的图形，这样可以清楚地标注出室内外及门窗、隔墙、家具等的不同尺寸。

画平面图时先要按比例尺寸画，一般室内平面图采用 1∶50 的比例，而小型的室内平面图，比如厨房、卫生间等可用 1∶30 的比例，绘图时可以根据纸张的大小和房间里物品的多少自行选择。

2. 立面图

立面图是表现室内墙面造型的一种手段，立面图与平面图的原理是一样的，所不同的是立面图的图形仿佛是人站在房间中央朝四个方向看，所得到的结果。

画立面图时也要按照比例尺寸来画，一般室内立面图采用 1∶30 的比例，但也可根据纸张大小和表现物体的复杂程度来定，一般立面图需标注室内标高等立面造型的尺寸。

3. 效果图

室内效果图是室内设计人员表达设计思维的语言，是完美地把设计意图传达给业主的手段，是设计投标、夺标的关键。虽然室内设计可以用平面图、立面图来表现，但是总不及室内效果图那样直观；同时，通过这种假设出来的画面，业主可以直接地看到最终的设计效果，并提出他的修改意见，以便完善设计。

室内效果图可采用多种形式，由于效果图的绘制有其自身特点，它不同于一般的绘画作品，因此我们提倡采用快速的表现方法，比如钢笔淡彩。

（四）扩初设计

设计人员在业主批准的设计方案基础上，根据业主的意见及投资造价进行方案调整，做扩初设计供业主批准。扩初设计是具有一定细部的表现设计，能明确地表现出技术上的可行性、经济上的合理性、形式上的完整性和材料计划，待与业主磋商取得认同后，再进入下一步的施工图设计阶段。此阶段根据方案内容的复杂程度、业主要求、工程的重要程度、设计变动等情况，会多次重复。

（五）施工图设计

设计人员在业主批准的扩初设计基础上，以业主对设计内容的最后认定为标准做施工图，施工图的内容主要在构造、尺寸和材料的标注方面要有明确的示意，必要时还应包括水、暖、电等配套设施设计图纸。

（六）工程预算

当施工图绘制好后，施工方就可按施工图做预算了。其实预算本身也是一门专业，它是由预算员依照当地颁发的建设工程概算定额来计算的。定额中主要材料一栏中有材料代号者为定额指导价，当实际市场供应价格与定额指导价中的供应价格发生价差时，要与业主磋商取得认同。除定额规定允许调整或换算外，不得因工程的施工组织、施工方法、材料消耗等与定额规定的不同而进行调整。

工程费用＝主要材料费＋辅助材料费＋人工费＋设计费＋管理费＋税金

1. 主要材料费

主要材料费是指在装饰装修施工中按施工面积单项工程涉及的成品和半成品，比如洁具、厨具、水槽、热水器、煤气灶、地板、木门、油漆涂料、灯具、墙地砖等的材料费。这些费用透明度较高，容易与业主沟通，大约占整个工程费用的 50 %。

2. 辅助材料费

辅助材料费是指装饰装修施工中所消耗的难以明确计算的材料，比如钉子、螺丝、水泥、沙子、木料以及油漆刷子、砂纸、电线、小五金等所产生的费用。这些材料损耗较多，也难以具体计算，这项费用一般占整个工程费用的 10 %。

3. 人工费

人工费是指整个工程中所耗的人工费用，其中包括工人的工资、医疗费、交通费、劳保用品费以及使用工具的机械消耗费等。这项费用一般占整个工程费用的 30 % 左右。

4. 设计费

设计费是指工程的测量费、方案设计费和施工图设计费，一般占整个工程费用的 5 % 左右。

5. 管理费

管理费是指装饰装修企业在管理中发生的费用，其中包括利润，比如企业业务人员、行政管理人员的工资，企业办公费用、房租、水电费、通信费、交通费、管理人员的社会保障费用，以及企业固定资产折旧费用，等等。

6. 税金

税金是指企业在承接工程业务的经营中向国家交纳的法定税金。

（七）施工监理

当业主和施工方签订施工承包合同后，施工方便可以开始施工了。一般的施工工序是进场后先按图纸布线，如果是旧楼改造，那么还需先拆旧、清理现场，然后综合布线。综合布线包括照明、计算机、音响、暖气、给排水、消防喷洒、烟感器、气体消防等走线。

施工工序要先后交叉进行，一般先上瓦工、木工，后上油工，先做吊顶、墙面装修，后铺地面、粉刷、油漆，最终安装相应设备进行安全调试。在整个施工中，设计人员应关心工地的施工进展，与工长积极配合并解决施工中所遇到的各种问题。

（八）陈设布置

在所有装修施工结束后，应由设计人员和业主协商配置设备、家具、灯具，挑选织物、绿化和陈设品。家具和织物是室内环境中的主要陈设，所占面积较大，它的式样直接影响室内的风格，在室内占有举足轻重的地位，并且应与墙面、顶棚、地面等相互协调。在大面积布置之后，还需在墙面及台面等位置摆放一些艺术品，这样才算真正完成了一件室内设计作品。

第二节　可持续室内设计解构

日益严峻的生存环境问题以及室内环境问题早已为人类敲响了警钟。对于建筑与室内设计行业而言，可持续发展将是解决环境问题的必由之路。

一、困境中的出路——可持续建筑与室内设计

在二十世纪七八十年代，一些国家政府曾通过一系列的建议提倡全社会

节约能源。在欧洲，多国政府发起多项研究课题，形成指导书、章程甚至法律条文以促进环境保护。诸如在施工建造中控制噪声污染等具体措施确实起到了一定的作用，但从全社会来说，收效甚微。事实上，大多数建筑与室内设计师认为，政府所倡导解决的环境问题侧重于设计的实际功效，它早就包含在传承至今的设计理论中了，运用传统的设计理论就可以解决这些问题，因而他们并未多加理会。但对关于建筑与室内环境设计内涵的重提，预示着为多数建筑与室内设计师所忽视的环境效益问题正日渐受到人们的关注，一场新的建筑革命正在开始。面对着人类最新面临的非常现实的生存窘境，与其他领域一样，建筑界也开始就以往建筑活动对地球环境的影响进行深刻的反思，对建筑活动与人类可持续发展之间的关系进行深入的研究。到了20世纪90年代初，可持续发展问题开始在国际会议上得到更多的重视，建筑与室内设计师不得不重新评价建筑及其所包含的室内与自然环境之间的关系，他们从中逐渐意识到对环境因素的考虑有助于建筑与室内环境的设计。例如，对建筑朝向、自然通风、自然采光、日照利用和保温隔热等问题的解决，使建筑形式和内容都变得有理有据，对以上各因素的综合处理还会为新建筑语言的出现提供契机。这对摒弃以往建筑与室内环境设计中的陈规陋习、寻找新的建筑与室内设计表现形式起到了重要的作用。社会公益事业的热切关注以及技术革新的广阔前景对可持续建筑与室内环境设计的兴起更是功不可没。毫无疑问，在20世纪的最后十年里，我们看到了建筑与室内设计师一改以往对环境问题的态度，开始全心全意地支持绿色运动，满腔热情地研究可持续建筑。而21世纪的今天，追求建筑与室内环境的可持续性已经成为建筑发展的主流思想，势不可挡。但是，另外一些尚未引起重视的细节，如建筑材料的回收、内含能量的耗费和废弃物处理等，还未得到大众实质性的广泛接受。

任何建筑与室内环境的设计都源自对其所在地的气候、技术、文化和用地等环境要素的反映，必须经过理智思考和反复推敲、创造性的灵感发挥和对环境因素的再三权衡，才能让建筑物拔地而起。可持续性与这些环境要素是密不可分的，可持续性会直接关系到建筑与室内环境设计的中心内容。其设计过程就是生态建筑学，也就是绿色运动议程中“为减少对环境的破坏而努力”这一思想在建筑领域的确切表现。对环境措施的评价、分析、组织与场地规划、结构选型、辅助设施设计、空间形态和外观形式等在建筑设计中占有同样重要的地位——事实上，在可持续建筑与室内环境设计中，前者对后者起着决定性的作用，对于可持续思想的关注应该融合在建筑所有的设计过程中，甚至成为某些佳作的点睛之笔。

气候、技术、文化和场地是建筑的必要组成部分，要做到保护地球环境的建筑与室内环境设计，除上述几项以外，必须将环境意识贯穿设计的全过程，这既是建筑发展过程中不可或缺的重要因素，也是可持续室内设计所要探讨的重要内容。

可持续建筑与室内环境设计是解决建筑与环境之间矛盾的最好出路。但到底什么是“可持续建筑”，迄今为止还没有一个公认的确切定义，这里不妨引用西安建筑科技大学的夏云教授对可持续建筑下的定义：建筑及其环境若能做到有利于综合用能、多能转换、三向发展、自然空调、立体绿化、生态平衡、智能运营、弘扬文脉、素质培养、持续发展、美感、卫生、安全，那么，在永久的将来就可能做到有效地发挥其正确的物质功能和精神功能的作用。这种建筑称为可持续建筑。而上述需要做到的各项内容，实际上就是可持续发展思想在建筑中的具体体现。说得简单通俗一些，所谓的可持续建筑，就是在建筑的设计、建造、运营直至最终消亡的各个环节都符合可持续发展战略思想的建筑。同样，在上述各个阶段都能符合可持续发展战略思想的室内环境，就是“可持续室内环境”。确切地讲，所谓可持续室内环境，指的是这样一种室内环境，其所采用的设计方位使得室内的功能、组成以及细部元素等所有方面对人和建筑的影响都得到了恰如其分的明智处理。

可持续室内环境是伴随着可持续建筑的产生而产生的，两者就像是一对孪生兄弟，形影不离。它们相互制约，又相互依赖，建筑是室内环境形成的前提，是室内环境实现其功能的载体；室内环境则是建筑的结果，是建筑的目的，也是建筑真正的价值所在。

可持续建筑是一种可持续发展的建筑，可持续发展的概念，针对的是与人类生活密切相关的生存环境问题。可持续发展的室内环境设计主要包含“灵活长效”“健康舒适”“节约能源”“保护环境”等几个方面的含义，而上述几个方面也正是可持续室内环境理念产生的直接动因。

可持续室内环境与可持续建筑之间有着直接的关系，从理想化的角度上来讲，从属于可持续建筑的室内环境就应该是可持续的室内环境。但是实际上，这样的推论并不总是正确的，因为从可持续室内环境的实质性内容来看，室内环境的可持续性除了取决于建筑所赋予的先天因素外，还与室内环境的具体使用情况有着密切的关系。即使是一座完全按照可持续原则设计、建造的建筑，如果其使用者在室内的使用与维护直至最终消亡的整个生命周期中没有遵循可持续原则，那么该建筑的室内环境仍然是不可持续的。因此，室内环境的可持续性还与室内环境的使用者密切相关。

二、可持续室内设计的原则

突出关注生态伦理的可持续室内设计所涉及的因素十分广泛，因此可持续室内设计的实际使用也十分宽泛，可持续室内设计的原则不同、角度不同、实施方案不同，所得到的结论也将不同。从目前国内外相关文献来看，被列出的所谓设计原则可谓五花八门，其中有些是依据可持续发展的理念来描述的，有些是从可持续室内设计的具体手法来考虑的，有些则是从实现可持续室内环境的某些具体环节来制定的。虽然这些观点各有千秋，但归纳起来，都可概括为“3F 原则”和“5R 原则”。

（一）3F 原则

可持续室内设计的 3F 原则，即与环境协调原则、“以人为本”原则、动态发展原则。它们以可持续室内设计的目标为依据。

1. 与环境协调原则

从狭义上讲，与环境协调原则强调了建筑室内环境与周围自然环境之间的整体协调关系。

建筑大师赖特提出的“有机建筑论”就是这一概念的典型代表。在《建筑的未来》一书中，赖特说：我努力使住宅具有一种协调的感觉，一种结合的感觉，使之成为环境的一部分，（建筑师的努力）如果成功，那么这所住宅除了它的所在地点之外，不能设想放在任何别的地方。它是那个环境的一个优美部分，它给环境增加光彩，而不是损害它。有机建筑应该是自然的建筑。自然界是有机的。建筑师应该从自然中得到启示。房屋应当像植物一样，是地面上一个基本的、和谐的要素，从属于环境，从地里长出来迎着太阳。他所设计的“流水别墅”从室内环境到建筑形式，都很好地体现了这一精神。

从广义上讲，与环境协调的原则还强调了建筑室内环境与地球整体的自然生态环境之间的协调关系。

尊重自然、生态优先是可持续设计的基本内涵，对环境的关注是可持续室内设计存在的根基。与环境协调原则是一种环境共生意识的体现，室内环境的营造及运行与社会经济、自然生态、环境保护的统一发展，使建筑室内环境融入地域的生态平衡系统，使人与自然能够自由、健康地协调发展。我们应该永远记住：人类属于自然，而自然不仅仅属于人类，自然并不是人类的私有财产。

但是，现实却让人担忧，长期以来，人们似乎已经习惯于自己在地球上的霸主地位，对于自己“天马行空，独来独往”的行为方式，也认为是理所当然的。这种强盗般的行径，无疑是搬起石头砸自己的脚，最终受害的还是人类自己。

回顾现代建筑的发展历程，在与环境的关系上，人们注意较多的仍是狭义概念上的与环境协调，人们往往把注意力集中在与基地环境在视觉上的协调，如建筑的体量、形态等与基地的地形地貌的协调，建筑融于基地自然环境之中，室内环境室外化等，这些做法无疑都是正确的。但是，建筑与室内环境、自然之间广义概念上的协调却并没有引起足够的重视。许多建筑与室内环境仅从直观形式上来讲，与周围环境非常和谐，甚至堪称“天衣无缝”——与地形结合紧密、体量得当、错落有致、朝向良好、环境自然、室内空气清新、四季如春。但是，在这些表面视觉上的和谐背后，却往往隐藏着与大自然不和谐的另一面——污水横流，没有任何处理地随意排放，周围河流臭气四溢；厨房油烟肆虐，污染周围空气；娱乐场所近百分贝的噪声强劲震撼，搅得四邻无法安睡……所有这些，都是与可持续发展理念格格不入的。因此，可持续室内设计不仅要求室内环境与周围自然景观之间的协调，还强调与整个自然环境之间生态意义上的协调。

2. “以人为本”原则

人类营造建筑的根本目的就是为自己提供符合特定需求的生活环境。但是，人的需求是多种多样的，包括生理需求和心理需求，相应的，建筑的室内环境需求也有功能上和精神上的区分，而影响这些需求的因素是十分复杂的。因此，作为与人类关系最为密切，为人类每日起居、生活、工作提供最直接场所的微观环境，室内环境直接关系着人们的生活质量，可持续室内设计在注重环境的同时应给使用者以足够的关心，认真研究与人的心理特征和人的行为相适应的室内空间环境特点及其设计理念，以满足人们生理、心理等各方面的需求，符合现代社会文化的多元性。

“以人为本”并不等于“以人为中心”，也不代表人的利益高于一切。根据生态学原理，地球上的生物都处于一个大的生态体系之中，它们相互依存、相互制约，人与其他生物乃至地球上的一切都应该保持平等的关系，人不能凌驾于自然之上。虽然，追求舒适是人类的天性，本无可非议，但是实现这种舒适条件的过程却是要受到整个生态系统的制约的。换言之，人类的各种活动都不可能是随心所欲的，人类只允许在一定的限度内，在保证自然生态环境不被破坏的前提下追求舒适与满足。“以人为本”的“人”，是广义、抽象的人，是代表着过去、现在和将来不断生息繁衍的人类，而绝不是具体的人，即某个人或某些人，更不应该是自我意义上的人。因此，“以人为本”必须是适度的，是尊重自然、受自然制约的。可持续室内设计中对使用者利益的考虑，必须服从于生态环境良性发展这一大前提，任何以牺牲大环境的安宁来达到小环境的舒适的做法都是不合适的。

3. 动态发展原则

动态性是室内环境的一个重要特征。室内环境中的诸要素始终处于一种动态的变化过程，不只是室内的物理环境会随着四季的更迭以及各种因素的变化而变化，随着时间的推移，建筑内部的各部分功能也可能发生很大的变化。另外，室内使用者的情况也始终处于变化之中，这就要求室内环境设计应该具有较大的灵活性，以适应这些动态的变化。

可持续发展概念本身就是一种动态的思想，因此设计过程是一个动态变化的过程。赖特认为，没有一座建筑是“已经完成的设计”，建筑始终持续地影响着周围环境和使用者的生活。这种动态思想体现在可持续室内设计中，室内设计还应留有足够的发展余地，以适应使用者不断变化的需求，包容未来科技的应用与发展。毕竟室内环境设计的终极目的是使建筑更好地为人所用，科技的追求始终离不开人性，我们必须依靠科技手段来改善室内环境，使我们的生活更加美好，并促进自然环境持续发展。

（二）5R 原则

可持续室内设计的5R原则，即重新评估原则、更新原则、重复使用原则、回收利用原则和减少原则，主要是从对可持续室内设计的重新认识和实现可持续室内设计的具体途径来考虑的。由于重新评估原则主要是从意识形态的角度对人与自然环境之间的关系进行重新审视，不涉及具体的手段，而更新原则与重复使用原则因为在实际的操作层面上非常接近，所以也有学者将可持续设计原则归纳为“3R原则”，即重复使用原则、回收利用原则和减少原则。但由于在实施可持续发展战略的初期，影响实施的障碍主要来自思想观念上而非技术等具体的物质因素上，因此笔者认为当今对重新评估原则的强调十分重要。

1. 重新评估原则

重新评估意为“再评价”，可引申为“再思考”“再认识”。

长期以来，人类已经习惯了对自然的索取，而未曾想到对自然的回报。尤其是工业革命以来，人们受工业革命所取得的成果鼓舞，不惜以牺牲有限的地球资源、破坏地球生态环境为代价，疯狂地进行各种人类活动，从而导致了人类自身生存环境的破坏，直到这种破坏直接威胁到人类的生存，人类才开始意识到问题的严重性。人们不得不重新审视自己过去的行为，重新评价传统的价值观念。

建筑，人类的一种实用活动，常被人们视为艺术的一个分支，即所谓“石头的史诗”“凝固的音乐”“空间的艺术”……不难看出，这些美好的称谓或比喻，都是建立在“艺术”基础上的，从而导致了对建筑的评价也是以是否“艺术”作为重要的标准。尽管现代建筑对此进行了拨乱反正，开始强调使用功能在建筑中的重要性，但是事实上，在对建筑的实际评判过程中，人们往往会对建筑的“艺术”部分给予更多的关注。贝聿铭罗浮宫扩建工程的争论焦点集中在其金字塔形式与原有建筑的关系上，对悉尼歌剧院的赞美也主要是因为其似风帆的艺术造型。在我国，类似的例子大量存在，如国家大剧院和中央电视台新大楼的争议焦点集中于建筑形式本身以及建筑形式与周边原有建筑及建成环境之间在视觉艺术上的协调问题，至于建筑对自然环境在生态意义上的影响，似乎很少有人真正过问，这就是当今建筑领域的一大误区。对于新时代的建筑师与室内设计师来说，只有更新观念，以可持续发展的思想对建筑“再思考”“再认识”，才能真正认清方向，重新找到准确的设计切入点。

作为一名有责任的建筑师、室内设计师，应该自觉地加强环境意识，像对待母亲那样对待孕育我们的地球环境，应该为我们的“母亲”分忧解难，而不应该再给“母亲”增加负担；应该给“母亲”多一点儿回报，多一点儿关爱，少一点儿索取，少一点儿摧残。

2. 更新原则

更新原则这里主要是指对旧建筑更新、改造、重新利用。

由于经济的飞速发展，我国的各大城市均掀起了轰轰烈烈的建设热潮，每天都有无数的旧建筑在大地上永远消失，每天都有大量的新建筑拔地而起，这些标志着我国经济的发展和人民生活水平的提高，这是积极的一面。但是，透过这种现象，我们也可以看到其消极的一面，那就是大规模“拆旧建新”过程中所体现出来的环境意识的淡薄。

建筑是个“耗能大户”，这不仅表现在建筑材料的加工、建筑的设计与施工、建筑的维护与运行上，还表现在建筑的消亡、拆除上。拆除旧建筑意味着该建筑在前期建造、运行过程中投资能量产生效益这一过程的终止，从能源的投入与产出比来看，这是很不经济的。因此，在建筑物还没有达到彻底无用之前，就应该对建筑尽可能地加以利用，轻易不要拆。这样才能使建筑的潜能得到最大限度的发挥。再者，拆除旧建筑必定会产生大量的建筑垃圾和装潢垃圾，而这些垃圾大部分很难自然降解，对这些垃圾的处理将耗费更多的能源。垃圾填埋场的增加将进一步造成土地的占用，这与可持续发展策略是背道而驰的。建筑拆除过程中所产生的灰尘会在短时期内加剧空气的污染，使建筑周围空气质量下降，拆除过程中产生的噪声也会对周边环境产生不利影响。

新建筑的建造过程会产生新的资源和能量消耗，产生新的废弃物，还会占用更多的土地，增加环境负担。

质量较好的建筑通过一定程度的改造加以利用，满足新的需求，可以大大减少资源和能量的消耗，有利于环境保护，值得提倡。

也许，有人会对旧建筑改造的经济性提出疑问。的确，从短期投资来看，对旧建筑的改造很可能是“不合算的”，由于旧建筑改造中投入的成本甚至可能高于新建建筑，因此许多人放弃了改造的念头。但是，这可能是一种目光短浅的想法，根据可持续发展的理念，建筑的经济效益不能只看初期的建造投资，而应该把建筑的整个生命周期乃至环境寿命周期作为考察的时间跨距，应该充分估计旧建筑改造利用所产生的环境效益和社会效益，这里所说的“社会效益”包括对城市文脉的保护。当然，对于一些确实已成危房且没有加固改造价值，或者将其保留会对整个城市建设产生严重影响的建筑，该拆还是要拆的。

对于旧建筑的改造利用在欧洲极为普遍，欧洲悠久的建筑文化、优秀的建筑遗产是利用了改造旧建筑优质的绿色土壤。漫步巴黎或罗马街头，人们会发现，这里的许多街道都保留着原有的历史风貌，只是其室内结合现代技术经过了必要的装修改造，这样既保护了当地的历史文脉，又达到了为现代生活服务的目的，创造出了令人激动的建筑与室内环境形象。巴黎的奥赛博物馆、巴黎旧铁路高架的改造、德国柏林国会大厦的改建、芬兰赫尔辛基艺术与设计大学教学楼、法国巴黎国家自然历史博物馆、巴黎毕加索博物馆、德国纽伦堡圣玛丽亚音乐厅（原纽伦堡大教堂）等都是旧建筑改造的成功实例。

3. 重复使用原则

在可持续室内设计中，重复使用是指重新利用一切可以利用的旧材料与构配件、旧设备、旧家具等。

相对于建筑设计而言，室内环境设计呈现出周期越来越短的趋势，特别是在经济快速增长、社会生活节奏日益加快、时尚潮流变幻莫测的今天，这一特点就更为突出。室内环境设计的这种特殊性导致了建筑在其寿命周期内室内重新设计、装修次数的增多。对建筑而言，这意味着运行和维护能耗的增大；对室内环境而言，则意味着室内使用寿命周期的缩短，室内生命周期中消耗与时间比的增加，能耗与产出比的实际下降，从而造成了资源的极大浪费。废物利用是防止这种浪费的最佳途径。实际上，从旧的建筑拆除下来的材料，有许多是可以经过简单清理后直接利用的，砖石经过简单整理就可以直接用于新建筑，碎砖石和混凝土块可以用作地面的基层，旧建筑上的门窗、照明器具可以直接用在新的环境之中，一些旧钢梁、旧构架也可以用在新设计的新结构之中。只要有心，我们可以发掘出很多这样的旧元素。设计师在进行室内环境设计时，首先，应该尽量创造条件，使新的设计能够尽可能多地利用旧材料；其次，应该在新设计的材料和设备选用中充分考虑材料以后被再利用的可能性。

4. 回收利用原则

回收利用原则是指根据生态系统中物质不断循环使用的原理，将建筑中的各种资源尤其是稀有资源、紧缺资源或不能自然降解的物质尽可能地加以回收、循环使用，或者通过某种方式加工提炼后进一步使用。实践证明，物质的循环利用可以节约大量的资源，同时可以大大地减少废物本身对自然环境的污染。

建筑建造、使用和拆除过程中可回收利用的资源十分丰富，建筑中的废水利用就是一个典型的例子，在水资源短缺的地区，这一措施更是意义非凡。室内生活中产生的生活污水经适当处理，达到规定的水质标准后，就可以用于某些非饮用用途，如厕所冲洗、植物灌溉、道路保洁、景观用水等，从而大大降低优质水的用量，缓解用水紧张的矛盾。生活污水经过这种适当处理后所产生的非饮用水称为中水，目前，国内外已经有很多中水利用成功例子，北京市从 2001 年开始就利用中水来冲洗道路。2008 年北京奥运会体育场馆基本上实现了中水利用，国家体育场（“鸟巢”）的移动式公厕还使用了“神舟”技术，能把粪便变成无色无味的气体，并采用泡沫冲洗，没有下排水。这种面积为 2 m^2 的移动公厕，每天可接待 600 人次。我国居民在家庭生活中将自来水几番利用，最终才用于冲洗厕所或提灌花卉。尽管这样做只是为了节约生活开支，但其所取得的实际效果，却是符合生态原则的，值得提倡。

如果说这些居民的这种做法还是一种“主观为自己、客观为生态”的行为，那么国外许多生态建筑中利用中水的实践，则是一种真正意义上的生态行为。

5. 减少原则

可持续设计赋予了减少原则更多的含义。我国 2006 年出台的《绿色建筑评价标准》（GB 50378—2006）对“绿色建筑”的定义是：在建筑物的全生命周期中，最大限度地节约资源（节能、节地、节水、节材）、保护环境和减少污染，并能够为人们提供健康、适用和高效的，且与自然和谐共生的建筑。可持续建筑与室内环境设计主要体现在减少对资源的消耗、减少对环境的破坏和减少对人的不良影响三个方面。

（1）减少对资源的消耗

就建筑与室内环境本身而言，其生命过程涵盖了设计、施工、运行以及最终的再利用或拆除。建筑与室内环境自身寿命周期中的费用主要包括与设计、施工、修缮、运行相关的配套基础设施等直接费用，以及与建筑室内环境相关的使用者的健康和生产效率，还有室内装修施工和运行过程中产生的空气污染和水污染、废弃物等生态环境破坏造成的间接费用。

在选择降低能耗的方案时，建筑师与室内设计师必须综合各方面因素，权衡利弊，尽可能地降低各个部分的资源消耗。第一，选择自然材料和加工过程中耗能较低的材料。有一些原材料如石材、木材和土坯可以直接或经简单加工后使用，还有一些材料如碎石、混凝土块、旧钢梁等可重复使用。值得一提的是，其他加工过程产生的废弃物有些也是可以充分利用的，如发电厂产生的粉煤灰可作为填充材料加以使用等。第二，尽量就地取材，减少材料运输过程中的能量耗费。第三，坚持“少就是多”的原则，在设计中直接减少各种材料尤其是各种高档材料的用量。第四，研究与设计高效能的建筑与室内环境，建筑与室内环境设计尽量结合自然，充分利用自然资源，保证室内环境的舒适度，尽量采用节能型设备，减少建筑与室内环境的长期运行成本。第五，加强施工管理，提高施工人员的素质，提高施工效率，减少人力、物力的浪费。第六，提高全民节约意识，使他们在建筑的使用过程中自觉养成良好的节约习惯。多管齐下，才能切实做到对能源的节约。

（2）减少对环境的破坏

环境保护是一个很大的范畴，涉及人类活动的方方面面。作为人类最基本活动场所的建筑与室内环境的营建与运行，构成了人类活动的一个主要方面，其对环境所产生的影响是巨大的。因此要搞好环境保护，减少对自然的破坏与影响，就必须抓好建筑与室内环境的营建与运行这一环节。

可持续建筑体系唤起了人们的生态意识，使人们按照生态原则调整自己的行为模式。人们意识到，不管人类技术发展到何种程度，人类永远是地球生物圈中的一部分，永远都脱离不了与生物圈中其他部分之间的关系，更不可能凌驾于其他部分之上。根据生态学原理，生态系统具有一定的自动调节、恢复稳定状态的能力，但是，生态系统的自我调节能力是有一定限度的，如果超过了这个限度，那么系统就不可能恢复到平衡状态，就会导致系统走向破坏和解体。人类是不同于其他生物的高等动物，人类的生存不可能离开对自然的改造，作为人类改造自然活动重要成果的建筑与室内环境系统，是属于次级的系统，依存于一定地域范围的自然环境之中，是生态系统中连续的能量与物质流动的一个环节和阶段。这种改造活动只要不超出一定的量和度，一般不至于对自然界造成损害，如果把握得好，还有可能促进自然环境的合理发展。因此，减少建筑与室内环境的损害，并不意味着停止人类的建设活动，而是要自觉地调控这种改造行为的量与度，使之不超过生态系统自我调节的极限。

（3）减少对人的不良影响

健康的生活只能在健康的环境中实现，而健康的环境只有遵循生态原则才能获得。可持续室内环境是生态环境的重要组成部分，其与人类生活特殊的密切关系决定了它在为人类健康生活提供健康环境的过程中所起的举足轻重的作用。据统计，人的一生中有 70 % 以上的时间是在室内度过的，因此室内环境质量的好坏与人的身体健康有着密切的关系。室内环境对人体的伤害可概括为生理损害和心理损害两个方面。造成损害的途径主要来自以下几个方面：一是不良的室内空气质量；二是较差的室内物理环境，如温度条件、照明条件、噪声水平等；三是不符合使用要求的功能安排和违背人体工学要求的室内设施设计。因此，减少室内环境对人体的伤害，必须同时从提高室内空气质量、改善室内物理环境、提高室内安全等级、合理安排室内环境的使用功能、遵循人体工学的设计要求等多个方面着手。

3F 原则和 5R 原则从不同的角度对可持续室内设计进行了阐述，但事实上，这些原则在某些方面是交叉和重叠的，它们之间有许多方面是共通的，因此我们可以将这些原则的具体内容概括为节约资源、环境保护、健康和高效四个方面。节约能源、节约资源、环境保护涉及更为宏观的层面，而室内环境的健康与高效因素因与人的日常工作和生活有着更为密切的关系，所以是室内环境的使用者最为关心的内容之一，也是在节约资源、环境保护以外，可持续室内环境设计最应该努力解决的问题之一，这样才能真正体现室内环境的“以人为本”。

第三节　可持续理念在室内设计中的应用

一、室内空间环境中可持续理念的应用

（一）室内环境中空间的可持续设计

室内空间是建筑空间环境的主体，在一定程度上表现了建筑环境的使用性质。在大自然中，空间是无限的，建筑通过运用物质手段限定我们的空间，以使人们的各种需求得到满足。建筑物会让人们强烈地感受到空间的存在，这种感受来自周围室内空间的顶面、地面与墙面所构成的三维空间。本部分所要研究的不仅仅是常规意义上的室内空间设计，更主要的是可持续发展的、以人为本的、为人服务的室内空间设计。空间设计是一种多层面的设计，既有空间大小的组合设计，又有空间形态设计，还有空间色彩设计，这些设计内容都是围绕空间气氛设计而展开的。在现代室内设计的大环境下，人类最关注的是室内空间的可持续设计。而生态化是体现可持续发展的重要因素之一，生态化的形态不仅是视觉上的，还是物质上的。

室内空间的可持续设计应在满足人的基本生理需求的同时，满足人们的心理要求。生态化的室内空间环境一直是人类追求的目标，任何空间环境必须严格符合发展的客观规律，在对室内空间进行装饰设计时，要全面思考。空间的装饰是有生命的，室内空间设计必须考虑到装饰生命末期的再利用、再生存和可持续发展。在室内空间的可持续设计中，除了造型因素，整个空间中的空气对流以及日照问题都必须得到足够的重视。空间的大小与比例除了与空间自身的实际尺寸有关，还与空间的光、影、色及空间门窗的位置有非常紧密的联系。不同的光线、色彩条件下所产生的空间感是不尽相同的。另外，空间感的塑造与空间中各界面所使用材料的性质以及家具的摆放位置有关。所以，室内环境空间中空间的可持续设计是做好设计工作的基础。

对于如何更好地做到室内空间环境的可持续设计，笔者概括了以下几点。

1. 符合人性化设计原理

人性化设计是指在设计过程中，根据人的行为习惯、人体的生理结构、人的心理情况、人的思维方式等，在原有设计基本功能和性能的基础上，对建筑和展品进行优化，使观众参观起来非常方便、舒适。人性化设计是在设计中对人的心理、生理需求和精神追求的尊重和满足，是设计中的人文关怀，是对人性的尊重。人性化设计是科学和艺术、技术与人性的结合，科学技术给设计以坚实的结构和良好的功能，而艺术和人性使设计富于美感，充满情趣和活力。

室内空间的舒适度是以人的尺度和心理接受的感觉为基准，要体现以人为本的设计精神。空间环境并不是越大越好，过大的空间会缺乏应有的温馨感以及亲和力，会使家庭特有的生活气氛得不到应有的展现；甚至过大的空间有时还会使人显得过于渺小，使得整个空间冷漠和僻静。同时过小的空间也不是理想的，过小的空间难以做到真正的功能齐全，某些功能区间只能剔除，居住其中会使人不舒适、不方便，往往造成居住者没有因此而获得相应的生活质量的改善，更不用谈可持续发展了。因此，只有以居住生活行为规律为原则，满足居住的生活要求，实现居住者舒适、安全、卫生和健康的文明型居住生活的目标，才能真正实现人性化的设计思想。现今的室内布局注重实用，储藏室、步入式更衣室被普遍引进普通住宅。有的住宅已开始向立体分割方向发展，利用空间设计的不同高差隔出不同的功能区域，大大提高了空间的利用率。横厅设计开始替代直厅。以往一般的住宅楼多为南北直厅布置，现在开始出现客厅和餐厅或书房均在南面的横厅设计，视觉感受非比寻常。

2. 符合私密性设计要求

私密性是指个体有选择地控制他人或群体接近自己。个人或群体都有控制自己与他人交换信息的质和量的需要，私密性的功能可以划分为四种：自治、情感释放、自我评价和限制信息沟通。自治可以使个体自由支配个人的行为和周围环境，从而获得个人感；情感释放可以使个体放松情绪，充分表现自己的真实情感；自我评价是使个人有进行自我反省、自我设计的空间；限制信息沟通是让个体与他人保持距离，隔离来自外界的干扰。

私密性设计是当今设计工作中的一个难点所在，要在有限的室内空间里做到最佳的私密设计确实不简单。特别是一个大家庭居住在同一个住宅里的时候，我们必须尽可能地合理安排各功能空间系统，实施公私分区、动静分区、洁污分区的原则，明确不同行为空间的专用性。主要居住空间（起居、主卧）应避免相互干扰，有充足的阳光和良好的视野。比如目前的一些一梯一户户型，其清静、私密的特点是居住者所向往和追求的。如今设计已开始尽量向此目的靠拢。有的开发商在一梯二户的小高层中安装东、西两边都能开门的电梯，营造一梯一户的感觉，从某种意义上也是可行的。有些住宅设计特别强调功能增量，面积增加，功能随之升级。例如，一个简单的厅可以演变为客厅和餐厅；卫生间老三件盥洗盆、便器、浴缸增加了淋浴、化妆功能，同时又能分区使用。面积增大，功能提高，舒适度也会相应得到提高。总之，要做到可持续发展，就应该充分考虑私密性的设计要求，以使室内空间舒适度提高。

3. 符合适应性设计目标

适应性设计指的是在总的方案原理基本保持不变的情况下，对现有设计方案进行局部更改，或用新材料技术代替原有的建筑结构来进行局部适应性设计，以使设计方案的性能和质量增加某些附加值，在建筑的适应性方面选取无可挑剔的设计形式。

室内空间环境的适应使用要注重综合布置结构和室内管道系统。结构和布管设计要符合扩大住宅的灵活性、可变性和可改性的要求，管道穿楼板是住宅“跑冒滴漏”的根源，所以在管道布管时要严格地遵守各种技术要求。为此，在综合布置结构和室内管道系统时要坚持自家管道不到邻家去和压力管道出户两项原则。其中，有效的解决办法是在下沉楼面和楼面垫层中铺设水暖气各种水平管道；也可以单独设置管道墙，将所有设备沿着管道墙来布局。对于竖向管道，为了净化室内环境，减少管道给住户带来的干扰并清晰产权，属公共使用的设备管道应设置在住户套型以外，这种设计方式也便于设备的维修安装、抄表及设置其他一些家用设备。管道井也可以放大一些尺寸，扩大进深。采用较大的管道井可以改善住户内部的空间环境。住宅设备配置齐全，管道走向合理，住户舒适、方便是居住质量提高的表现。今后的住宅要全面考虑光、声和空气质量的综合条件及相应的设备配置。

4. 符合长寿性设计效果

长寿性设计即在进行室内空间的设计时，要考虑到空间的延续性和一些必需的特殊性要求。随着我国社会老龄化人口的增加，这个问题越来越突出。设计者在设计时要从适应不同年龄段的居住者的要求出发，同时适应残疾人士的特殊要求，做到空间的可持续设计。

在进行功能空间布局时，其空间尺寸要便于老年人和残疾人的行为，要考虑我国老龄化需求的住宅的基本功能，要采取相应对策并设置相关设施，顺从居民的生活方式和生命周期，使其具有灵活性。为此，应做适应的潜伏设计，需要时可开墙、凿洞，安装扶手、防滑和警报呼唤设备。当然最基本的要素要在设计开始时就注意，比如留足门洞宽度、过道、轮椅回转尺寸，特别要注重卫生间设备的设计安全、卫生，并在老人遇险时可以方便协助等。这些方法都符合了需要达到的设计效果。

（二）室内环境中界面的可持续设计

室内界面指围合成室内空间的基面、垂直面和顶面。人们对室内空间的感受通常直接来自界面实体。室内界面的设计既有功能技术要求，又有造型美观要求；既有界面的线性和色彩设计，又有界面材质选用和构造问题。因此，室内界面设计在考虑造型、色彩等艺术效果的同时，还需要与房屋室内的设施、设备等协调。围合室内空间的地面、墙面和顶面是室内空间设计的基础，决定了室内空间的容量和形态，既能使室内空间丰富多彩，层次分明，又能赋予室内空间以特性，有助于加强室内空间的完整性。

室内环境中界面设计的内容是指室内环境六面体的设计，而从设计的目标来说，界面设计的内容是指界面的形式设计（顶面、墙面、地面的设计）与界面建筑装饰材料的选择和搭配。室内界面的可持续设计需要综合考虑很多元素以及设计形式。室内界面包含了不同的实体，在设计的时候从不同实体的特征和可持续发展方向出发，可以得到完整的设计效果。

室内空间环境中界面可持续设计的要求如下。

1. 符合基本的生态环境美学观念

设计时倡导人居环境生态美学观念。人居环境最根本的要求是生态结构健全，适于人类的生存和可持续发展。生态结构健全的人居环境会给人一种生机勃勃的外在美感，即生态美。美化人居环境可以有各种不同的美学手段和审美取向，但应将生态美作为最高境界，作为首要的和主要的美学取向。今天的居住环境已不再单纯地作为生存资料，而也作为一种赏心悦目、怡情养性的享受资料。这些生态环境美学观念成为室内界面可持续设计的风向标。

2. 符合住宅的耐久性与使用年限

住宅的耐久性已成为可持续绿色建筑评价中的一项重要指标，也是国外某些住宅性能评定标准中的一项指标。住宅需要做足设计的基础工作，许多建筑装饰材料要提供耐用时间，其中装修设计、防水设计和管线工程的最低使用年限分别为 20 年、15 年、10 年。总之，耐久性是对我国住宅可持续发展的重要保障，符合住房和城乡建筑部提出的发展绿色建筑，促进节能省地型住宅和公共建筑的发展的大方向。

3. 符合材料的耐燃及防火性能

材料的耐燃性是指金属或非金属材料对火焰和高温的抵抗能力。材料按耐燃能力分为不燃材料、难燃材料和易燃材料。陶瓷、玻璃、石材为不燃材料，许多工程塑料、人造纤维织物、人造皮革通过阻燃处理可转变为难燃材料。防火性是指材料长期抵抗高温而不熔化的性能，包含材料在高温下不变形、能承载的能力。在这些条件下，为了达到可持续设计的目的，使室内环境能够没有安全方面的隐患，我们在做室内界面设计时，在材料的选取方面就要充分考虑材料的耐燃及防火性能。

4. 符合材料的无毒、无害、无污染性能

当今追求绿色环保已经成为人们新的选择标准，追求无毒、无害、无污染的生存环境是当今人们生活的主流趋势，因而与人息息相关的室内设计就显得更为重要。选择无毒、无害、无污染的绿色建材是营造环保家居的小前提，而对无毒、无害、无污染装修材料的开发利用则是大前提。例如，涂料是居室装饰中应用面积最大的材料，德国最先使用丙烯酸乳液取代甲醛和苯作为涂料的主要原料，其特点是以水为溶剂，涂料的含毒量微乎其微，涂料的附着力、透气性、防水性、耐擦洗性和色泽鲜艳度也远远强于传统涂料。从这些方面去改变不利的现状，可以达到可持续设计的目的。

5. 符合保温隔热及隔声、吸声性能

保温隔热材料就是具备把多余热量隔离在建筑外部以及把部分热量保持在建筑内部性能的材料，隔声材料是指能把噪声隔绝、隔断的材料。因为很多地方都有一定程度的噪声而影响人们的正常生活，所以必须要有隔声材料来维护人们的正常生活。选用吸声材料，首先，应从吸声特性方面来确定合乎要求的材料；其次，结合防火、防潮、防蛀、强度、外观、建筑内部装修等要求，综合考虑，进行选择。

6. 符合易于制作安装和施工的要求

在原建筑物的基础上，根据设计意图，采用艺术手段和技术手段对装饰材料进行加工处理，对室内空间进行重新组织，进一步细化和完善而进行再创造的过程即制作安装和施工工程。室内装饰工程制作安装和施工有一定的程序性，在界面设计时，顶面吊顶、墙面造型和地面铺装等都应尽可能地考虑制作安装和施工过程。比如对界面的定位要考虑其空间功能的转变可能，一个房间在新房装修时定位为儿童房，而若干年后这个房间可能不作为儿童房了，当初制作的一些造型也许完全不实用了，就必须可以比较容易地进行相应的改造。

二、室内物理环境中可持续发展理念的应用

（一）室内空气环境的可持续设计

人类对室内空气环境问题的认识和关注由来已久。随着现代科学技术的

进步和人们生活水平的不断提高，室内污染源大量增加，室内空气质量问题逐步显现。室内空气环境问题随着建筑的出现和发展而不断变化。在工业革命前，很多传统民居由于采用的建筑材料是天然无害的，且能通过门窗控制实现自然通风，因此室内空气环境比较适宜。当然，采暖季节敞开式火炉的使用有时会使室内空气质量非常糟糕。第一次工业革命时期，人类开始对煤炭等能源进行大规模开发和利用，这直接造成了大气污染和室内空气污染事件的大量出现。进入20世纪60年代，大气污染从传统的煤烟型污染转向以交通污染为主的光化学烟雾型污染。直至20世纪70年代爆发的能源危机使发达国家的能源供应和经济发展受到了巨大的影响，也使建筑节能事业取得了长足的进步。出于节能的需要，许多公共建筑密闭性增强，同时中央空调系统的新风量大幅度下降，这些直接造成了室内空气污染物的累积。因此，要实现室内环境的可持续设计，就要控制室内空气中各种化学污染物的含量，使室内有良好的自然通风和一定标准的舒适度，保证室内空气带给人健康、舒适。

室内空气环境的可持续设计重视下列几种问题。

1. 住宅项目的选址

住宅项目的选址不仅对住宅项目本身发展起着至关重要的作用，还对城乡布局结构产生深远的影响，同时对室内的空气环境影响非常大。鉴于此，在对住宅项目进行可行性研究的阶段，就应对住宅项目的选址高度重视，充分考虑其所处环境的空气因素，为城乡经济社会发展和人民生活、生产提供比较理想的空间环境。具体在项目选址时，不但要充分考虑建筑或住宅小区周边环境的生态状况，还要对建筑场地地表土壤中天然放射性核素和土壤氡浓度水平进行测定。如果土壤中氡浓度含量高，那么在设计中应采取措施，防止建筑物基础的开裂造成对室内空气的污染。这样，可以通过对住宅项目的选址来让室内空气环境的可持续设计达到所设定的目标。

2. 合理选用绿色环保建材

装修污染对人体造成损害的事件时有发生，并呈现增多趋势，在进行室内装修时，一定要有环保意识，千方百计地防止装修造成的空气污染。在对居室进行装修的过程中，要注意防止对环境造成污染。装修要把好材料关，一些材料如密度板、胶合板等，尽管产品都合格，但过量使用，导致挥发出的有害物总量过大，那么装修后的房间有害物质仍然可能超过安全标准，从而会对人体产生危害。装修施工过程应在通风良好的条件下进行，以降低空气中的有害物质浓度。在施工中，需要使用大量的建筑材料，不良的建筑材料严重损害了使用者的身心健康，如部分石材含有放射性元素，有些混凝土抗冻剂产生臭味，有的装饰材料会挥发出甲醛以及刺激性气体。因此，在对室内环境进行可持续设计时，需要积极使用无毒、无害、无污染、抗菌防霉、恒湿、具有空气净化功能、具有森林功能（负离子）等有利于保护环境或有利于健康的保健型建材，积极提倡使用可重复使用、可循环使用、可再生使用的材料。

3. 充分采用自然通风系统

自然通风系统主要应用于绿色节能建筑中，作为建筑节能很重要的一部分，自然通风系统对建筑物内部的能耗控制、环境质量控制起到不可或缺的作用。自然通风系统主要通过合理适度地改变建筑通风方式达到提高室内空气质量、减少空调能耗的目的。所谓自然通风，就是利用自然能源，或者不依靠传统空调设备系统而仍能保持室内适宜空气环境的通风方式。自然通风可以在过渡季节提供新鲜空气，在空调供冷季节利用夜间通风可以降低围护结构和家具的蓄热量，减少第二天空调的启动负荷。自然通风也最容易满足室内生态的要求，因为它一般不用外来不可再生资源，所以常常能节省可观的全年空调负荷，从而达到节能的目的。但自然通风系统在设计中必须充分考虑建筑朝向、间距和布局。

4. 合理增加室内净高

净高是指楼地面到楼板或板下凸出物的底面的垂直距离。净高是供人们直接使用的有效高度，它根据室内家具设备、人体活动、采光通风、结构类型、照明、技术条件及室内空间比例等要求综合确定。显然，室内的净高对自然通风也有很大的影响，很明显，较低的净高不仅使人感觉压抑，而且非常不利于室内空气的流动。根据环保专家的说法，只有室内净高在2.5 m以上，才有利于室内空气流通，使室内空气污染程度降到最低。因此，在进行室内设计时，在不影响其他功能的条件下，应适当增加室内的净高，对于一些南方城市，室内的净高宜再高一些。同时，在装修时不提倡对起居室、主卧室采用吊顶的装修方案。这些措施有利于保持良好的空气环境。

5. 恰当布置厨卫基本设施

厨卫空间是住宅室内污染及有害气体产生较多的地方，虽然传统的设计也采取了一些基本措施，但是迄今为止还没有能有效排出厨房、卫生间污气及有害气体的措施，现今这些措施仍然不尽如人意，特别是竖向烟风道实际上形同虚设，串烟、串气的现象仍旧十分严重。因此，厨卫设计应尽量做到不与客厅和居室相通，最好设置过渡隔离区，并且其位置应设置在阴面，且在主导风向的下风口。为便于通风，对厨房设置有辅助阳台的，不应将阳台封闭。考虑到室内排气装置是一个大系统，在设计中要积极采用厨卫整体化集成技术，极大地提高厨卫整体功能品质，并配以新型的专用烟风道系统和接口配件，形成完整的竖向排烟气的成套技术。采用水平直接排出烟气的做法，具有简便、直接、高效的特点，在很多发达国家和地区得到广泛的采用。

（二）室内热环境的可持续设计

室内热环境是物理环境的一个重点，其中包括室外热量的进出，还有包含人体在内的室内物散发的热量等。人们对环境的实际感受不仅取决于空气温度，还取决于空气湿度、太阳能辐射及气流速度（风速）等诸因素的综合作用。室内热环境是由室内空气的温度、湿度、气流速度以及壁面的辐射温度等综合而成的一种室内气候。各种室内气候因素的不同组合，形成了不同的室内热环境。影响室内热环境的因素有室外的热湿作用、围护结构材料的热物理性质及构造方法、房屋的朝向与间距、单体建筑的平剖面形式以及周围绿化等。室外的热湿作用对室内热环境的影响是非常显著的，特别是在寒冷或炎热地区。一定量的室外热湿作用对室内热环境的影响程度和过程，主要取决于围护结构材料的热物理性质及构造方法。如果围护结构抵抗热湿作用的性能良好，那么室外热湿作用的影响就小。同时，建筑规划设计及环境等因素也对室内气候有不同程度的影响。当然，对于内部产热量和产湿量大的建筑，其房间内部热湿散发量的多少及其分布状况也对室内气候起到重要作用。室内热环境可持续发展也是从这些方面出发的。

对于室内热环境可持续设计的考虑有下列几点内容。

1. 住宅的自然通风方式

在进行设计时，要留出对流空间以及开放的通道，以保证自然风的顺畅流通。自然通风是利用建筑物孔洞内外两侧存在的压差，不用消耗动力的通风换气方式。住宅空间是人们生活最重要的地方，必须做到以人文本。为了做到室内热环境的可持续发展，在对住宅区总体设计进行空间组合时，首先要考虑的便是自然通风的问题。特别是在温带及热带地区，住宅的排列要迎着主导风向开口，不应为了追求围合感而妨碍了房屋的自然通风。高层住宅的布局不要形成狭窄地段，从而形成“风箱效应”，影响两侧建筑的自然通风。

2. 合理的遮阳隔热措施

遮阳隔热与室内环境及能耗存在固定的关系，遮阳措施遮挡直射光线进入室内，减少房间获得热量，降低了建筑的空调能耗。从空调能耗影响建筑能耗方面，遮阳则可以调节二者的矛盾，使其达到一个平衡点，并使建筑能耗降到最低。植物能遮挡直射阳光，吸收热辐射，从而发挥隔热作用。因此，盛夏季节在阳台上栽种攀缘植物可将墙壁上的热量吸走，有利于遮阳隔热。窗体没有遮阳构件时，室内冷负荷主要是由窗体系统获得热量引起的，遮阳能使建筑获得热量和空调能耗大大降低。窗体采用遮阳措施后，窗体的热量下降了 58.3 %，空调能耗下降了 37.9 %，建筑总能耗下降了 19.3 %。合理的遮阳隔热措施可以使室内热环境良性循环。

3. 材料的保温隔热性能

在建筑工程中，为保持室内温度，减少热量的损失，要求围护结构具有良好的保温性能，有的则要求围护结构具有良好的隔热性能，这些都依靠绝热材料来解决。绝热材料指对热流具有显著阻抗作用的材料或材料复合体，是保温材料和隔热材料的总称。保温即防止室内热量的散失，而隔热是防止外部热量的进入。性能良好的保温隔热材料把不必要的热量拒之室外，不断改善和调节室内的温度和湿度，创造舒适的家居环境。

4. 合适的灯光材质色彩

室内热环境不光取决于室内的温度、通风等客观条件，还包括人的感觉等主观心理因素。在同等的温度和通风条件下，暖色调居室在冬季使人感到温暖，冷色调在夏季给人以凉爽的感觉，色调合理搭配有助于提高室内的热环境舒适度。在室内空间设计时考虑合适的灯光材质色彩，也是一种室内热环境可持续发展的方法。

5. 考虑适当机械设施的辅助

当然，在采用自然方式无法获得满意的室内热环境的情况下，宜适当采用机械设施加以必要的辅助。在既要节能又要保证室内环境品质的前提下，风量可调的置换式送风系统、冷辐射吊顶系统、结合冰蓄冷的低温送风系统以及去湿空调系统在国外绿色建筑中成为流行的空调方案。特别是去湿空调在绿色生态住宅中得到了广泛应用。采用住宅的空调设备后应将住宅室内相对湿度控制在 60 % 以下，以防止霉菌的滋生。这些都是机械设施辅助的形式。

（三）室内声环境的可持续设计

室内声环境是指室内音质问题与振动和噪声控制问题。在理想的声环境中，需要的声音能高度保真，而不需要的声音（噪声）不致干扰人的工作、学习和生活。其中，最重要的就是考虑如何避免噪声的问题，要做到室内声环境的可持续发展，这个问题也是首先要解决的。噪声控制的基本目的是创造一个良好的室内声环境，因此建筑物内部或周围所有声音的强度和特性都应与空间的要求相一致。由于现代工业和交通的发展，噪声污染已成为重要的公害之一。为了创造一个安静的生活环境和不影响健康的工作条件，我们就需要进行噪声控制。室内噪声主要来自以下几个方面：通过围护结构传入的室内环境噪声；建筑内部其他房间传来的噪声；室内设备产生的噪声；空调通风系统噪声以及设备振动引起的围护结构噪声。室内外噪声及设备噪声可通过建筑布局、围护结构隔声、室内吸声、设备隔声等途径进行控制。现代室内设计要考虑隔声和吸声处理，对于家庭居室、娱乐场所来说，主要是隔声处理，对于工厂的室内设计还要考虑吸声处理。无疑，噪声对环境的污染会影响居民的心理和生理健康。住房和城乡建设部已对绿色生态住宅室内声环境制定了专项指标：白天应小于 35 dB，夜间应小于 30 dB。因此，住宅设计必须采取降噪隔声的措施。科学合理地制定各种环境条件下的允许噪声标准是噪声控制的基础。我们应根据环境噪声的现状或者预测的噪声情况，科学地进行噪声控制设计。

室内声环境的可持续设计手段，可以归纳为以下几点。

1. 合理重视项目的选址问题

在住宅选址时，应对周边环境，尤其是噪声源进行测试分析，因为声音存在折射和反射，在任何情况下，要使噪声衰减超过 20 dB 都相当不易，所以在场地选址时，应尽可能使居住区远离噪声源。当不可避免时，应采取有效的防噪措施，如设置建筑隔声屏障或种植树木林带。另外，社区会所、健身场地等文化娱乐场所应与住宅楼的距离适当拉大，避免干扰。国外有资料显示，面对面布置的两间房间，只有当开启的窗户间距在 9 m ～ 12 m 时，才能使一间房间内的谈话声不致传到另一间房间。而同一墙面的相邻两户，当窗间距为 2 m 左右时，才可避免在开窗情况下一般谈话声互传。

2. 合理布置空间的动静分区

动分区是人员走动比较频繁的区域，包括厨房、餐厅、客厅等。我们可以看到这些区域的公共性较强，不但自家人在用，亲戚朋友也会经常光顾，带来的使用上的问题也比较多，动分区的展示功能强一些，需要合在一起总体设计，给人大气、统一的感觉。静分区为私密性功能较强的区域，主要为卧室、书房和独立卫生间。这个区域一般为私人所用，其他人较少进出，设计风格可以根据自己的喜好，调整余地很大，流线的影响也较少，几乎只有一条流线。住宅内平面设计要特别注意空间的动静分区，厨房、卫生间不应设在楼下邻居的卧室与起居室的直接上层，电梯井道和机房避免与主卧室、起居室、书房等贴邻，水泵房不应设在住宅楼内，其采取隔板消声的措施，对防止住宅内部的建筑构件噪声干扰有明显的效果。

3. 合理选用隔声的墙体材料

一些墙体围护结构材料虽然也具有一定的隔声效果，但它们对空气的隔绝性能，有的尚低于生态小区的分户墙隔声要求。经测定，通常 190 mm 厚单排孔混凝土小砌块墙体的隔声指数在 47 dB 左右，经双面粉刷后可达 49 dB；200 mm 厚加气混凝土砌块经双面粉刷后隔声指数在 45 dB 左右，因此这些墙体作为分户墙时均必须采取隔声技术措施。如在单排孔混凝土小砌块孔洞内填塞膨胀珍珠岩、矿渣棉或加气混凝土碎块等隔声材料，墙体隔声指数可提高 3 dB ～ 5 dB；采用双层 75 mm 厚的加气混凝土隔墙板，中间留 50 mm 空气隔层或嵌木屑板，再双面粉刷后，隔声指数也可增至 50 dB。上海建筑科学研究院对混凝土多孔砖双排孔墙体的隔声性能测试表明，240 mm 厚的墙体经双面粉刷后隔声指数为 55 dB，已符合国家现行标准的要求。

4. 合理控制楼板产生的噪声

由于生态小区要求住宅楼板的空气隔声量大于或等于 50 dB，撞击声隔声量小于或等于 65 dB。因此，设计中可在住宅楼板上增加 60 mm 厚的隔音层，或在楼面铺设富有弹性的面层（如设置架空木地板或铺地毯），便能大大降低噪声。另外，住宅装修应尽可能一次装修到位，减少装修噪声对住户的干扰。为减少门窗传入的噪声，对住宅外门窗的隔声设计就应引起重视。隔绝楼板撞击产生的噪声可以从三个方面着手，即铺设弹性面层、加弹性垫层和在楼板下做隔声吊顶。在楼板面铺各类地毯、橡胶等弹性面层均可降低噪声。弹性面层对中高频撞击声改善明显，面层弹性越好，效果越好。在楼板面层与结构层之间加弹性垫层，也称浮筑构造。在楼板下做隔声吊顶，宜用厚重的吊顶，并用弹性吊钩。

5. 合理进行室内的适量绿化

室内绿化不仅能美化环境，而且具有一定的吸声作用。用绿色植物进行室内装饰是室内整体装修的重要组成部分。与其他材料相比，绿色植物具有独特优势，如绚丽的色彩、柔和的曲线、怡人的芳香和生命的气息等。除此之外，绿色植物的最大优势是环保、绿色、无污染。近年来，随着人们环保意识的增强、艺术品位的提高，绿色植物以其独特优势开始大量走进宾馆、酒店、商场及普通家庭。目前，室内绿化已成为一种时尚和追求。

（四）室内光环境的可持续设计

室内光环境是建筑环境中一个非常重要的组成部分，在生产、工作、学习场所，良好的光环境可以振奋人的精神，提高工作效率和产品质量，保障人身安全，保护视力。在娱乐、休息、公共活动场所，光环境可以创造优雅、活泼生动或者庄重严肃的环境气氛，对人的情绪状态、心理感受产生积极的影响。光不仅是实际照明的条件，还是表达空间形态、营造室内环境气氛的基本要素。室内光环境对居住者的工作效率和室内气氛有着直接的影响，绿色生态的可持续住宅引进无污染、光色好的日光作为光源只是绿色光环境的可持续设计手段的一种。而舒适健康的光环境还应包括易于观看、安全美观的亮度分布、眩光控制和照度均匀控制等内容。

室内光环境包括天然光环境和人工光环境两类，天然光环境是室内设计中一个重要的组成部分。室内良好的表面、色彩、造型及装饰效果等都需要通过饰面材料的光学特性、质感、色彩以及采光口对光线的控制等表现出来。在进行天然光环境设计时，常常需要运用一些光的处理技法，以创造舒适、美观的光环境。常用的技法有透光、遮光、控光和混用光等，还要把天然光环境融入室内设计，使之成为一个密不可分的整体。人工光环境设计有功能和装饰两个方面的作用。从功能上来讲，因为建筑物内部的天然光要受到时间和场合的限制，所以要通过人工照明补充，在室内打造一个人为的光亮环境，满足人们视觉和工作的需要；从装饰角度来讲，除了满足照明的功能，还要满足美观和艺术的要求。这两种作用是相辅相成的。任何一个好的室内光环境都是这二者的有机结合。当然，根据建筑功能的不同，两者的比重也不尽相同，如工厂、学校等工作场所，要多从功能考虑，而在休息、娱乐场所，则主要强调艺术效果。可持续性的室内设计可以利用人工光的形态及颜色塑造空间、限定空间或改变空间性质，通过对光进行强化、弱化、虚化、实化等表现手段，渲染特定的空间氛围，体现丰富多彩的空间内涵，满足人对特定空间气氛的心理追求，使室内空间从物质功能性上升到精神性。

为更好地让室内光环境的可持续设计得以实现，我们可以采纳下列一些要点。

1. 选择理想的自然采光方式

只有在自然采光不能满足需要的情况下，才应适当地以人工采光辅助。而对人们而言，自然光是一种舒适与享受。为了获得自然光，在建筑外围护结构（如墙和屋顶等处）设计各种形式的洞口，并在其外装上透明材料，这些透明的孔洞统称为采光口。可按采光口所处的位置将它们分为侧窗和天窗两类。在侧窗或天窗上采用大面积的玻璃，如玻璃幕墙、大面积玻璃窗等，可使室内外空间浑然一体，获得一种透明的感觉。光与大面积玻璃完全融合，表现出强烈的吸引力。除侧窗外，还可以从拱顶、弯顶等顶部采光中营造一种具有层次感、生动而富有情调的自然采光式室内光环境。

2. 选择合理的装饰装修布局

要获得良好的光环境，在进行装饰装修设计时，对其布局的把握也很重要，可以把室内的开敞感表现得清晰一点儿，可以使室内光环境具有开朗、明快的特点。室内家具等应布置得疏密得当，照度合理，窗口大小适宜。窗户下部尽量采用低矮的家具与室内陈设，不要遮挡光向从窗户进入室内的通道；或者在住宅设计时，在室内阳台接合处设置玻璃门或落地窗，以利于自然采光。

3. 选择适当的平衡照明形式

保持整个空间的工作区与周围区间的灯光能够达到平衡布置，以避免不平衡的灯光刺激眼睛。正确、合理地选用光源是实施绿色照明工程的重要因素。选用光源应包括以下三个方面的内容：根据场所使用特点和建筑尺寸，选用合适的光源类型；根据使用要求选择光源的显色性和色表；合理选择与光源配套、节能效果好的电器附件。同时，利用光的方向性，通过强化或弱化物体的轮廓和立体感创造气氛，利用亮度的空间分布强调主次、明暗、强弱和层次感。照度分布同时应该满足一定的均匀度（规定表面上的最小照度与平均照度之比），从而能创造良好的室内光环境。

4. 选择合适的装饰装修材料

视觉的形成多来自物体的反射光和透射光，不同的装饰材料有着不同的光学性质，人们可以利用这些光学性质改善光环境或创造某种光环境。因为人们在建筑物内看到的光，绝大多数是经各种物件及壁面反射或透射的光，所以如果选用不同的装饰材料，那么就会在室内形成不同的光效果。应充分考虑室内装饰材料的光学性质，室内空间装饰尽量采用亚光材料，尽量少用光滑材料以避免反光，还可以安装不透明材料的窗帘防止日光直射，避免产生眩光。

5. 选择适当的照明装置系统

确定符合设计要求的照明装置系统，然后按照光的表现力确定光源、灯具及其布置，从而营造适宜的光环境。灯具是光源、灯罩及附件的总称，它们的作用是重新分配光源的光通量，以提高光的利用率，避免眩光，保护视觉，并保护光源。我们可以从光源、配光、环境条件和经济性等方面考虑选择适当的照明装置系统。当然各种照明装置系统的噪声（包括听得见的和听不见的）都可以形成不健康的光环境，因此在设计时要全面考虑对照明设计有影响的功能、形式、效果、心理和经济等方面的因素，以做到室内光环境的可持续发展。

参考文献

[1] 吴相凯. 基于绿色可持续的室内环境设计研究 [M]. 成都：电子科技大学出版社，2019.

[2] 约翰•蒂尔曼•莱尔. 环境再生设计：为了可持续发展 [M]. 骆天庆，译. 上海：同济大学出版社，2017.

[3] 周浩明. 可持续室内环境设计理论 [M]. 北京：中国建筑工业出版社，2011.

[4] 董治年. 共生与跨界：全球化背景下的环境可持续设计 [M]. 北京：化学工业出版社，2015.

[5] JONES L. 环境友好型设计：绿色和可持续的室内设计 [M]. 韦晓宇，译. 北京：电子工业出版社，2014.

[6] 吴恩融. 高密度城市设计：实现社会与环境的可持续发展 [M]. 叶齐茂，倪晓晖，译. 北京：中国建筑工业出版社，2014.

[7] 安妮 •马克苏拉克. 环境工程：设计可持续的未来 [M]. 姜晨，姜冬阳，等译. 北京：科学出版社，2011.

[8] VEZZOLI C，MANZINI E. 环境可持续设计 [M]. 刘新，杨洪军，覃京燕，译. 北京：国防工业出版社，2010.

[9] 冯慧. 基于可持续发展的道路景观设计与路域生态环境共生性研究 [M]. 西安：陕西旅游出版社，2016.

[10] SALAT S. 可持续发展设计指南：高环境质量的建筑 [M]. 北京：清华大学出版社，2006.

[11] 清华大学美术学院环境艺术设计系艺术设计可持续发展研究课题组. 设计艺术的环境生态学：21世纪中国艺术设计可持续发展战略报告 [M]. 北京：中国建筑工业出版社，2007.

[12] 吴雨航. 高校旧建筑空间改造及光环境设计研究：以辽宁科技大学艺术综合楼改造为例 [D]. 鞍山：辽宁科技大学，2020.

[13] 李晴轩．工业遗产型文化创意产业园环境设计研究：以陕西老钢厂文化创意产业园为例 [D]．西安：西安建筑科技大学，2020.

[14] 马艺．基于人性化理念的养老度假村环境设计：以长岗镇世界华人养老度假村为例 [D]．武汉：湖北工业大学，2020.

[15] 罗梦怡．健康城市导向下旧住区外环境更新策略研究：以衡阳市为例 [D]．株洲：湖南工业大学，2020.

[16] 范晶．体验旅行中精品乡村民宿室内环境营造方法研究 [D]．大连：大连理工大学，2020.

[17] 刘佳蕊．文旅融合下阿尔山乡村民宿空间环境设计研究 [D]．北京：北京建筑大学，2020.

[18] 畅国强．山西晋中以古法酿醋为特色的村落空间环境设计研究 [D]．西安：西安建筑科技大学，2020.

[19] 秦佳．基于可持续发展理念的极少主义室内设计研究 [D]．西安：西安建筑科技大学，2020.

[20] 赵峥．基于田园休闲景观下的养老基地环境研究与实践 [D]．西安：西安建筑科技大学，2020.

[21] 王浩玥．城市更新视角下社区公共空间环境设计研究 [D]．长春：长春工业大学，2020.

[22] 乔方煜．基于海绵城市理论的郑州市居住区室外环境设计研究 [D]．郑州：郑州大学，2020.

[23] 贺雨涵．基于环境心理学的新中式园林景观营造方法探究 [D]．海口：海南大学，2020.

[24] 李翔．考虑节律协同的自然通风建筑光热环境设计策略研究 [D]．大连：大连理工大学，2020.

[25] 张晚．基于殡葬文化的城市公共墓园环境设计研究：以铜陵市神仙山墓园为例 [D]．苏州：苏州大学，2020.

[26] 赵朋云．科技与人文融合下大学校园景观的创新设计研究 [D]．吉林：东北电力大学，2020.

[27] 窦相鹏．体验经济背景下城市郊游环境设计研究 [D]．苏州：苏州大学，2020.

[28] 王柯颖．基于老年人行为模式的居住环境设计研究：以济南市莱芜区北部山区为例 [D]．苏州：苏州大学，2020.

[29] 邱梦园．浙江特色小镇生态环境设计理论与实践研究 [D]．杭州：浙江工业大学，2020.

[30] 吉利利．基于自然教育的小学生户外研学空间环境设计研究 [D]．长春：吉林建筑大学，2020.

[31] 黄丽莉．地域文化影响下的寒地城市夜景观环境设计研究 [D]．长春：吉林建筑大学，2020.

[32] 安杨．严寒地区高校餐饮建筑绿色设计优化研究 [D]．沈阳：沈阳建筑大学，2020.

[33] 刘鑫怡．机械制造类工厂景观设计研究：以沈阳金杯车辆工厂景观设计为例 [D]．沈阳：沈阳建筑大学，2020.

[34] 刘思岐．高效利用的寒地体育馆可持续设计策略研究 [D]．沈阳：沈阳建筑大学，2020.

[35] 王金戈，周璇，王馨平．浅析环境艺术设计的可持续性发展 [J]．文化产业，2020（32）：40-41.

[36] 吴宗建，黄倩．从知识到智识：基于可持续发展观的环境设计课程教学探析 [J]．高教学刊，2020（35）：13-18.

[37] 王建萍．环境保护理念下的幼儿意识与行为培养：评《环境工程：设计可持续的未来》[J]．环境工程，2020，38（11）：239.

[38] 汪振城，邱梦园．浙江特色小镇生态环境设计的意义 [J]．建筑与文化，2020（11）：216-217.

[39] 赵一舟，黄红春．乡村振兴视域下环境设计实践型人才培养路径探索 [J]．大众文艺，2020（21）：182-183.

[40] 朱佩佩．景观在城市公共环境设计中的运用[J]．美与时代（城市版），2020（10）：44-45.

[41] 荣明芹．可持续设计理念在环境设计专业中的应用与实践 [J]．安徽建筑，

2020，27（10）：113-114.

[42] 李诗媛. 我国住宅小区景观环境设计研究 [J]. 中国建筑装饰装修，2020（10）：122.

[43] 富尔雅，张敏. “美丽中国”背景下的环境设计专业绿色教育研究 [J]. 大众文艺，2020（19）：193-194.

[44] 王明轩，罗宗荣. 现代环境设计对绿色建筑设计理念的应用 [J]. 环境与发展，2020，32（09）：236-237.

[45] 詹传梅. “人类面临的主要环境问题和走向人地协调：可持续发展”教学设计 [J]. 科学咨询（教育科研），2020（10）：232.

[46] 马天舟. 浅谈光环境设计与城市生活 [J]. 演艺科技，2020（09）：1-4.

[47] 徐雪媚，李雪艳. 基于生态设计的住宅室内环境研究 [J]. 创意设计源，2020（05）：10-14.

[48] 冯蕾. 居住区户外环境景观设计初探 [J]. 现代农村科技，2020（09）：94-95.

[49] 李昆鹏. 中国传统文化在现代环境设计中的应用方式探析 [J]. 美术教育研究，2020（17）：103-104.